聚氯乙烯
悬浮聚合生产技术

张又新　编著

化学工业出版社

·北京·

本书对悬浮法聚氯乙烯基本性能、用途等进行了简要介绍，重点阐述了悬浮聚合的生产原理、悬浮聚合工艺、悬浮法生产聚氯乙烯经常出现的异常现象和处理方法、安全生产技术及环境保护措施等内容。

本书可供从事聚氯乙烯生产、技术研发、管理的相关人员使用，也可供化工、高分子、材料等相关专业的师生参考。

图书在版编目（CIP）数据

聚氯乙烯悬浮聚合生产技术/张又新编著 . —北京：化学工业出版社，2019.3
ISBN 978-7-122-33895-2

Ⅰ.①聚… Ⅱ.①张… Ⅲ.①聚氯乙烯-生产工艺
Ⅳ.①TQ325.3

中国版本图书馆 CIP 数据核字（2019）第 027975 号

责任编辑：张　艳　刘　军　　　　文字编辑：陈　雨
责任校对：宋　夏　　　　　　　　装帧设计：王晓宇

出版发行：化学工业出版社（北京市东城区青年湖南街 13 号　邮政编码 100011）
印　　装：中煤（北京）印务有限公司
710mm×1000mm　1/16　印张 10¼　字数 121 千字　2019 年 5 月北京第 1 版第 1 次印刷

购书咨询：010-64518888　　　售后服务：010-64518899
网　　址：http://www.cip.com.cn
凡购买本书，如有缺损质量问题，本社销售中心负责调换。

定　　价：68.00 元

前言
FOREWORD

自改革开放以来，我国聚氯乙烯（PVC）生产飞速发展，随着先进技术的引进、消化、吸收以及自有技术的开发，在产能、产量、产品的品种、质量以及生产技术等方面都有了长足的进步。我国已成为世界 PVC 生产大国。

由于各方面原因，我国 PVC 生产从原料上划分仍以电石乙炔法为主。我国中西部地区由于具有煤电资源优势，已逐步发展成为 PVC 的主要生产基地，规模不断壮大，技术不断更新。但是由于扩张太快，人力资源不足的问题逐步显现出来，尤其熟练的操作工人等一线技术力量欠缺的问题很突出。由于种种原因，介绍实际生产操作技术的图书比较少。

为满足行业发展需要，笔者特将多年从事 PVC 生产、工艺控制、设计实践的经验总结出来，供广大从事 PVC 生产人员参考。本人经历了我国从 13.5m³ 釜、30m³ 釜、70m³ 釜到 105m³ 釜的引进、设计、生产、改造消化的全过程，同时也取得了一些经验和教训，愿把这些分享给从事 PVC 生产的人员，以期对他们的工作有所帮助。悬浮法是近年来生产 PVC 的主要方法之一，比较成熟，在我国 PVC 生产中占主导地位，本书重点对此生产方法进行介绍。

在本书编写过程中，张宇同志给予了很多建议和帮助，韩宗芳、王晶同志给予了大力支持，在此一并表示感谢！

由于笔者水平所限，书中不当之处在所难免，欢迎读者朋友们指正！

张又新
2019 年 1 月

目 录
CONTENTS

1

悬浮法聚氯乙烯生产的相关基础知识

1.1 产品名称及技术指标

中文名称：聚氯乙烯树脂

英文名称：polyvinyl chloride resins（PVC）

结构简式：

$$\text{\textpm CH}_2-\text{CHCl\textpm}_n$$

$n=500\sim3000$ （n 为分子数）

产品的规格和技术指标：见附录。

1.2 产品的基本性能

1.2.1 物理性质

分 子 量：$30000\sim187500$

外 观：白色无定形粉末

密　　度：$1.35\sim1.46\mathrm{g/mL}$（20℃时）

折　射　率：$n_0^{20}\approx1.544$

1.2.2　化学稳定性

聚氯乙烯化学稳定性很好，除若干有机溶剂外，常温下可耐任何浓度的盐酸、90％以下的硫酸、50％～60％的硝酸及20％以下的烧碱溶液。此外，对于盐类亦相当稳定。

1.2.3　热性能

聚氯乙烯没有明显的熔点，在80～85℃开始软化，加热到130℃以上时变成皮革状，同时分解变色，在180℃时开始流动，约在200℃完全分解。在加压条件下，145℃即开始流动。

1.2.4　溶解性

聚氯乙烯不溶于水、汽油、酒精和氯乙烯，分子量较低者可溶于丙酮及其他酮类、酯类或氯烃类溶剂中，分子量较大者则仅具有有限的溶解度，通常只能制得含1％～10％聚合体的酮类溶液。

1.2.5　光性能

纯聚氯乙烯在紫外线单色光的照射下显示弱蓝绿荧光色，在长期光线照射下发生老化且色泽变暗。

1.2.6　电性能

聚氯乙烯具有特别良好的介电性能，它对于交流电和直流电的绝缘能力可与硬橡胶媲美，它的制品的介电性能与温度、增塑剂、稳定剂等因素有关。

1.3 产品的基本用途

聚氯乙烯树脂是物理性能、电性能和化学性能较好的工程塑料之一。不同规格的 PVC，采用不同的塑化配方和加工方法，可以制成各种硬如金属的结构材料和软如橡胶的软管；也可制成电缆或半导体塑料；可通过二次加工制造各种化工耐腐蚀容器、设备管件等。PVC 同时也是制造塑料门、窗、家具的良好材料。更有报道称：PVC 可以与沥青混合作柏油路铺地材料，防止柏油路面的龟裂且可缩短刹车距离；与木粉混合制成的木塑复合材料，具有木材的性能且防腐，是很有前途的产品。

悬浮聚合的生产原理

2.1 氯乙烯悬浮聚合反应机理

氯乙烯（VC）悬浮聚合是以 EHP［过氧化二碳酸二(2-乙基己基)酯］等为引发剂的自由基链反应。以 HPMC、PVA 等为分散剂，去离子水为分散和导热介质，借助搅拌作用，使液体氯乙烯（在压力下）以微珠形状悬浮于水中。对每个微珠而言，其反应和本体聚合相似。

总反应式如下：

$$n\mathrm{CH_2}{=}\mathrm{CHCl} \longrightarrow \mathrm{+CH_2-CHCl}\mathrm{+_{\it n}} + 96.3\mathrm{kJ/mol}\ (23\mathrm{kcal/mol})$$

式中，n 为聚合度（即 VC 分子数目），一般为 $500 \sim 1500$。

此反应机理可按以下三个步骤进行。

2.1.1 链的引发

链的引发包括两个步骤：①引发剂分解为初期自由基（简称 R·）；②初期自由基与单体反应生成单体自由基（或称最初活性链）。

（1）生成初期自由基以 EHP 为例：

$$CH_3-(CH_2)_3-\underset{\underset{C_2H_5}{|}}{CH}-CH_2-O-\overset{\overset{O}{\|}}{C}-O-O-\overset{\overset{O}{\|}}{C}-O-CH_2-\underset{\underset{C_2H_5}{|}}{CH}-(CH_2)_3-CH_3$$

$$\longrightarrow 2CH_3-(CH_2)_3-\underset{\underset{C_2H_5}{|}}{CH}-CH_2-O\cdot+2CO_2\uparrow$$

（2）初期自由基与单体生成单体自由基

$$R\cdot+CH_2=CHCl\longrightarrow R-CH_2-CHCl\cdot-(20.9\sim33.5)\ kJ/mol$$

引发剂的分解及初期自由基形成是吸热反应。因此，在聚合反应引发阶段需要外界提供热量。

2.1.2　链的增长

具有活性的初级自由基很快与氯乙烯分子结合形成长链，这一过程称之为链的增长。其反应为：

$$R-CH_2-CHCl\cdot+CH_2=CHCl\longrightarrow R-CH_2-CHCl-CH_2-CHCl\cdot$$

$$R-CH_2-CHCl-CH_2-CHCl\cdot+CH_2=CHCl\longrightarrow$$

$$R-CH_2-CHCl-CH_2-CHCl-CH_2-CHCl\cdot$$

$$\cdots$$

$$R{+\!CH_2-CHCl\!+}_{n-1}CH_2-CHC\cdot+CH_2=CHCl\longrightarrow$$

$$R(CH_2-CHCl)_nCH_2CHCl\cdot$$

其总反应式为

$$R-CH_2-CHCl\cdot+nCH_2=CHCl\longrightarrow$$

$$R{+\!CH_2-CHCl\!+}_{\overline{n}}CH_2-CHCl\cdot+(62.8\sim83.7)kJ/mol$$

链的增长是聚合反应的主要过程，该过程是放热反应，需要外界冷却将反应热移出。链增长速度极快，几秒钟内即可达到数千甚至上万聚合度。

2.1.3 链的终止

PVC 大分子自由基与单体、引发剂或单体中的杂质等发生链转移反应；两个大分子自由基发生偶合或歧化反应；大分子自由基与初期自由基发生链终止反应，使链的增长停止。

① 大分子自由基与单体之间的链转移反应式：

$$R \{CH_2-CHCl\}_n CH_2-CHCl \cdot + CH_2=CHCl \longrightarrow$$

$$R \{CH_2-CHCl\}_n CH=CHCl + CH_3-CHCl \cdot$$

② 两个大分子自由基发生偶合反应：

$$R \{CH_2-CHCl\}_{n-1} CH_2CHCl \cdot + R \{CH_2-CHCl\}_{m-1} CH_2CHCl \cdot \longrightarrow$$

$$R \{CH_2-CHCl\}_n \{CH_2-CHCl\}_m R$$

③ 两个大分子自由基发生歧化反应：

$$R \{CH_2-CHCl\}_n CH_2CHCl \cdot + R \{CH_2-CHCl\}_m CH_2-CHCl \cdot \longrightarrow$$

$$R \{CH_2-CHCl\}_n CH_2CH_2Cl + R \{CH_2-CHCl\}_m CH=CHCl$$

④ 大分子自由基与初期自由基反应：

$$R \{CH_2-CHCl\}_{n-1} CH_2-CHCl \cdot + R-CH_2-CHCl \cdot \longrightarrow$$

$$R \{CH_2-CHCl\}_n CH_2-CHCl-R$$

上述这些关于链终止的反应是复杂的反应过程。在一般聚合反应的条件下，引发剂的用量与单体量相比，浓度很低，这样，生成的大分子自由基彼此相遇形成双分子偶合、终止反应的可能性很小，而通过单体的扩散作用，大分子自由基与单体之间的链增长与链转移的可能性却很大。

由于引发剂的不断分解，活性中心值随反应时间的增大而增大，产生了聚合反应的"自动加速现象"。所以，大分子自由基与单体之间，链增长与链转移存在于每一个 PVC 大分子形成的整个过程中。

当 PVC 大分子自由基在链增长过程中达到某一个"临界值",即其链节上有超过 3 个以上的氯乙烯分子时,就成为了不溶于单体、而可被单体溶胀的胶黏体从单体中沉析出来。这些沉析的孤立的大分子自由基则很难偶合或歧化形成链终止,因此大分子自由基与单体之间的链转移成为氯乙烯悬浮聚合中起主导作用的链终止过程。只有在提高引发剂的浓度以及聚合反应后期单体浓度下降以后,大分子自由基发生双分子偶合链终止反应的可能性才增加。

2.2 氯乙烯悬浮聚合分散、成粒机理

2.2.1 机械搅拌下单体液滴的形成过程

在单体与水的体系中,单体在强烈机械搅拌的剪切作用下发生形变,大的不稳定的液团破裂成较小的形状不规则的液滴。单体自身表面张力使之形成较小微珠。这些单体的微珠又趋向聚集成较大的液滴。分散与聚集之间存在着一个动态的平衡,见图 2-1。

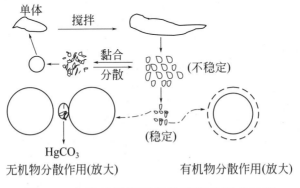

图 2-1 在机械搅拌下单体液滴的形成过程

但是,聚合反应开始之后,随着聚合度的增加,液滴黏度逐渐增大。一般当聚合转化率达到 30% 以后,这些软而呈胶状的液滴则变得

具有很大的黏性。这时如果发生液滴相撞，则很容易黏结，这样的半黏颗粒是不容易打破的，结果会很快黏结成粗粒子或大块状。所以在聚合反应的前期，这个发黏阶段是一个危险期。当真正变成固体颗粒之后，就没有这样的危险了。显而易见，仅仅依靠搅拌的单纯的剪切作用，是无法使聚合反应度过危险期而获得符合要求的颗粒状高聚物的，必须使用悬浮剂。

2.2.2　悬浮剂的分散与稳定作用

为了使悬浮分散体系稳定，需加入悬浮剂。这些悬浮剂溶于水后，一部分被吸附在单体液滴的表面形成液膜保护层，这种膜保护层的强度越大越能防止粒珠的黏结或合并，图 2-2 所示为聚乙烯醇在单体表面形成保护膜的情况。

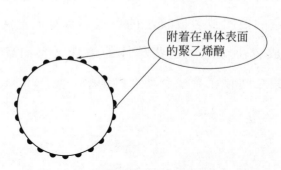

附着在单体表面的聚乙烯醇

图 2-2　聚乙烯醇在单体液滴表面的保护层

另一部分水溶性悬浮剂则分散在水相中，降低了液珠彼此之间的碰撞力，同时提高了水相黏度，阻止了保护膜的破坏，提高了相互碰撞时的阻力。

2.2.3　氯乙烯在悬浮聚合中形成颗粒

氯乙烯在悬浮聚合中形成颗粒大致分以下几步：

（1）氯乙烯单体（VCM）在分散剂溶液中的分散　VCM被搅拌分散开，为获得恒定的平均液滴直径，需要足够的时间。分散速率与分散剂的多少和种类有关，更重要的是取决于搅拌器的循环能力。分散过程一般要持续一小时以上。

（2）悬浮剂在VCM与水界面上的吸附　此吸附是和开动搅拌进行机械分散同时进行的，从而降低了VCM液滴的凝聚率。吸附量是随着反应物温度的升高而增加的。用聚乙烯醇（PVA）为分散剂时，温度升高，液滴的稳定性稍有下降，而用纤维素醚类作为分散剂时，则液滴稳定性急剧提高；使用PVA分散剂比纤维素醚类分散剂时的平均液滴直径小。

（3）游离基反应开始与最小微珠的形成　在游离基反应开始以后，在液滴内随着PVC链增长而沉积形成微粒。一些增长着的游离基与吸附在液滴上的分散剂分子反应，生成不溶的接枝共聚物的共聚程度比甲基纤维素（MC）高，这也是用PVA分散剂液滴稳定性较MC类分散剂差一些的原因。

（4）小微珠的液滴界面上的沉积　由于液滴在悬浮分散体系中的旋转、翻滚，已经析出的微粒在离心力的作用下移向界面，并在那里继续增长，并与接枝共聚物作用形成稳定的颗粒外皮。

（5）聚合着的液滴的体积收缩　由于PVC密度比VCM大，随着聚合的进行，粒子体积逐渐收缩。如果液滴接枝共聚物的皮非常稳定，则在体积收缩时形成多孔结构，如PVA。反之则容易形成不规则颗粒，如MC。

（6）粒子的附聚作用　附聚作用发生在转化率15%～50%时，各聚合着的粒子附聚会生成两个形态的混合粒子。在转化率达到50%时，粒子由于附聚作用迅速增大。超过这个转化率，粒子增大的速度将要放慢。附聚的最初阶段，则由简单粒子互相黏结成不规则形状，之后慢慢成为非圆颗粒。

当然，以上过程与分散剂的品种、数量关系也很大。总之，要生产出粒度均匀的、高孔隙率的树脂颗粒，要采取以下措施：适当延长加料后的冷搅拌时间；适中的搅拌强度；不同分散剂及条件等。

2.3 悬浮聚合温度对反应时间及聚合度的影响

聚合温度对反应时间和聚合度的影响见表 2-1。

从表 2-1 可以看出，必须严格控制聚合反应的温度，以求得不同聚合度和分子量分布均匀的产品。在仪表可控制的情况下，要求聚合度波动的范围不应大于±0.2℃。

表 2-1　聚合温度对反应时间及聚合度的影响

反应温度/℃	反应时间/h	转化率/%	聚合度
30	38	73.7	5970
40	12	86.7	2390
50	6	89.97	990

在聚合反应过程中，要求反应速率均匀，这样有利于传热，可保证体系温度恒定。否则，升温期和后期反应激烈阶段，会偏离聚合温度。这是影响分子量分布的重要因素。

实际生产中，要求聚合工艺中采取等温水入料。在尚不具备条件时，升温过程尽量短一些。升温时间过长，会造成分子量不均，影响加工性能。一般在反应体系中添加抗鱼眼剂来阻止升温阶段反应的进行。

另外，温度的升高还能增加链的歧化程度。链歧化的结果，使氯原子活性增加，易于造成脱氯化氢，而使树脂的热稳定性和加工性能下降。

由此可以看出反应速率均匀的重要性。在一定的条件下，即同一釜型，拼命追求反应速率及要求反应时间无限的缩短，所得结果也和上述结果一样。在相同搅拌条件、传热条件下加快反应速率，同样会加大釜内的轴、径向温差，使反应速率不均匀，影响所得树脂的加工性能和树脂的热稳定性，依笔者意见，在目前设计的反应釜的条件下，控制反应时间应以不低于 4.5h 为宜，反之，则会使树脂品质变坏。

在釜的大型化以后，往往在比传热面积不变时采用釜顶冷凝器辅助传热。回流冷凝器的冷凝液注入釜上的一个部位，在连续不断地回流至此部位的同时，也会造成釜内的局部反应温度不均匀，形成的影响同上述内容一样。这也是大型化需克服的重要问题。所以在保障适宜产量规模的情况下，应尽量选用无回流冷凝器的釜型。

2.4　氯乙烯悬浮聚合中搅拌的作用

在氯乙烯悬浮聚合中，搅拌是主要的条件。它提供一定的剪切力，保证一定的循环次数和使能量分布均匀。

由搅拌叶旋转所产生的剪切力可以使单体均匀地分散并悬浮成微小的液滴。

循环次数太少，容易产生滞留区，在这个区域内，容易发生并粒或粒度分布过宽。而在相同功率下，循环次数过大，相应的湍流强度减弱，剪切力也受到影响而减弱。

单位体积功率和循环次数，都是指全釜的平均值。釜内流动和剪切的均匀性对于粒度分布也是很重要的。因此，要求聚合釜内物料处于流动状态时，不允许存在死角，且有较均匀的能量分布，以求制得粒度分布较窄的树脂。

搅拌对树脂颗粒形态的影响也是很大的，如 $30m^3$ 聚合釜，原来是六层复合桨搅拌，其能力偏弱，循环次数显得大一些。所以，分散剂的用量也大，约为 0.12%。在搅拌改为四层复合桨以后，分散剂用量已降到 0.05%，而且树脂形态明显好转，粒度分布较集中，$80\sim120$ 目达到 98%，颗粒皮膜变薄，甚至有部分无皮粒子，这样，对 VCM 的脱除和树脂的加工都是十分有利的。

图 2-3 所示为搅拌改变前后的粒度分布情况。

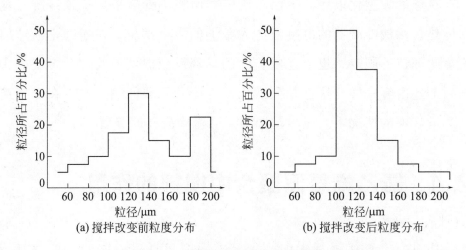

(a) 搅拌改变前粒度分布 (b) 搅拌改变后粒度分布

图 2-3 搅拌对粒度分布的影响

搅拌的效果一般取决于聚合釜的形状（即长径比）、转速、桨叶尺寸、形式等因素，一般来说细长釜不易保证聚合釜轴向混合均匀，而短粗釜不易保证径向混合均匀。

搅拌转速高，剪切力增大，会影响 PVC 颗粒的规整，导致搅拌功率的增加。根据经验，搅拌的转速以搅拌叶尖端线速 $7.5m/s$ 为宜。

总之，要取得良好的搅拌效果，必须根据釜型选取适宜的转速、搅拌叶形式和尺寸。经过试验、调试后才能达到满意的效果。

2.5 引发剂对聚合的影响及其选择

氯乙烯悬浮聚合基本上都使用不溶于水而溶于单体的引发剂。

氯乙烯聚合反应常用的引发剂有：偶氮二异庚腈（ABVN）；过氧化二碳酸二-(2-乙基己)酯（EHP）；过氧化二碳酸二-(2-苯氧乙基)酯（BPPD）；过氧化新癸酸异丙苯酯（99-W40）；过氧化二异丁酯（187-C30）；过氧化二月桂酰（LPO）；过氧化双-(3,5,5-三甲基己酰)（36-W40）；过氧化新癸酸叔丁酯（23-W40）。

引发剂对聚合反应及产品质量的影响，分述如下。

2.5.1 引发剂对聚合反应速率的影响

由于氯乙烯悬浮聚合反应本身存在一个反应自动加速现象，聚合反应后期，由于水的比例减小，体系黏度增大，这一效应更加显著，需想办法保障聚合反应的平稳进行，尽量接近等速。

聚合反应是否等速，与引发剂的结构有关。如：偶氮类引发剂的最高反应速率是平均值的 2 倍，但过氧化碳酸酯类的引发剂的最高反应速率约为平均值的 1.2～1.3 倍，接近于等速。经研究发现，引发剂的水解率大时，反应易于接近等速。

引发剂的用量适当，单位时间内所产生的自由基也相应增加，故反应速率大，聚合时间短，设备利用率高。用量过多，反应激烈，不易控制，如反应热不及时移出，则温度、压力均会急剧上升，容易造成爆炸聚合的危险。引发剂加入量少，则反应速率小，聚合时间长，设备利用率降低。

引发剂的用量，除通过生产实践摸索外，尚可以通过理论计算近似得到，如：

氯乙烯聚合引发剂理论耗量（N_r）约等于：

$(1.0 \pm 0.1) \text{mol/t}$

即：$N_r = N_0(1 - \dfrac{I}{I_0})$

I 与半衰期 $\tau_{1/2}$、聚合时间 T 的关系如下：

$$I = \frac{N_r M \times 10^{-4}}{[1 - \exp(-0.693T)/\tau_{1/2}]} \tag{2-1}$$

式中，引发剂加入量 $N_0 = \dfrac{1 \times 10^4}{M}$；$M$ 为引发剂的分子量；I 为时间为 τ 时引发剂的浓度，mol/L；I_0 为起始时引发剂的浓度，mol/L。

2.5.2　引发剂对鱼眼和粘釜的影响

高效引发剂，半衰期短，聚合前期反应很快，反应速率不易一致，易生成鱼眼。

引发剂的加入所采用的工艺方法也非常重要，必须使引发剂较快地在单体周围分散开，如果反应开始后尚有引发剂未均匀分散，那么单体油珠内的引发剂量不均一，也会造成油珠间反应速率的不一致，最终导致"鱼眼"。

鱼眼也与引发剂的水溶性有关，水溶性高的引发剂，鱼眼的发生率高，因为很难使引发剂与 VC 在水中的溶解过程停止。

不同水解率的引发剂，其粘釜的特性也不相同，水解率大者粘釜较轻。

2.5.3　引发剂对 PVC 初期变色性能的影响

不同种类的引发剂所制得的 PVC 的色泽（黄度）是不相同的，见图 2-4。

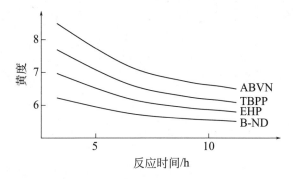

图 2-4　PVC 色泽与引发剂种类的关系

聚合时间：7h；聚合温度：56.5℃；聚合度：1000；TBPP：过氧化苯甲酰叔丁酯；
B-ND：过氧化新癸酸叔丁酯

由此看出，引发剂的水解性对初期变色性能的影响较大。实际上，水解好则制品的色泽也好。PVC 薄膜软制品的初期变色性能与引发剂用量关系见图 2-5。

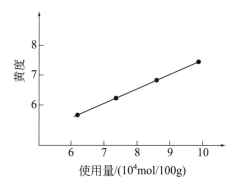

图 2-5　引发剂用量与 PVC（软）的色泽关系

少量引发剂残留在 PVC 内，会使初期变色性能差。聚合后期，因单体减少，引发剂与水接触的机会较之前增多，易水解的引发剂因发生水解作用进入水中。难水解的则残留在聚合物中，引起初期变色性能差。

2.5.4　引发剂的选择及品种介绍

（1）引发剂的选择　引发剂种类的选择对氯乙烯悬浮聚合过程和

聚氯乙烯树脂性能影响很大，如聚合时间、放热、粘釜、树脂的热稳定性、颗粒形态、毒性和鱼眼等。引发剂的种类很多，大体上分为偶氮化合物及过氧化物两大类。过氧化物又包括过氧化二碳酸酯类、过氧化酰类、过氧化磺酸类等。

由于历史和客观因素，各国和各地区使用的引发剂品种有很大差异，但大多以过氧化物引发剂为主。其中，过氧化二碳酸二鲸蜡酯是固体粉状物，稳定性好。残存 15% 的十六醇对树脂塑化性有很大好处。其树脂制品初期着色性能好，鱼眼少，已开始受到各国重视。

20 世纪 60 年代，我国 PVC 生产使用的引发剂以偶氮二异丁腈（ABIN）为主，由于 ABIN 引发速度慢，反应后期放热量大，难以控制，树脂热稳定性差，故逐渐被过氧化二碳酸二异丙酯（IPP）、偶氮二异庚腈（ABVN）等高、中效引发剂取代。之后又有双环戊二烯（DCPD）、BPPD 等引发剂，目前 EHP 已基本取代 DCPD，同时由于低聚合度树脂产量日益提高，异丙基过氧化新癸酸酯（Trigonox-99）、丁酰基过氧化物（Trigonox-187）的使用也开始扩大。

引发剂的选择，大体上遵循如下原则：

引发剂的半衰期要选择适当，或复合使用，以使反应更匀速，对产品质量无影响，便于贮存运输，有一定的稳定性，且价廉易得。

（2）常用的几种引发剂

① EHP。含活性氧 4.62%，50℃的半衰期为 4h，59℃为 1h。分解温度 4.9℃（含量 98% 的 EHP）。

由于 EHP 的水解率高，50℃水解率为 46%，故反应过程中不断水解，聚合后树脂内残存少，所以树脂的初期着色性能好。

② ABVN。ABVN 为白色结晶，不自燃，受热后先熔化后分解，使用安全。

ABVN 属于中效引发剂，由于其在 50℃水解率只有 17%，所以生产高聚合度树脂时，如反应温度较低，树脂残留较多。但是由于 EHP 引发剂在较高温度下，水解率相应增加，用量上损失严重，粘釜也相应增加。ABVN 则可补救这一缺点，故生产高型号、低聚合度 PVC，引发剂已不宜用 EHP，可用 ABVN。

③ 187-W15（Trigonox 187-W15）（过氧化二异丁酰）。

分子量：	174.2
活性氧理论值：	9.18%
半衰期：	57℃时 0.1h；39℃时 1h；23℃时 10h
自加速分解温度：	5℃
报警温度：	−5℃
贮存温度：	≤−20℃

应用：用于引发反应温度在 32～48℃之间的氯乙烯的均聚与共聚反应。实际上，常将两种或多种不同活性的过氧化物复合使用，以提高反应效率。

生理性质：对眼睛　有刺激性

　　　　　对皮肤　有腐蚀性

安全防护：属易燃物，因此要远离明火、火星及其他热源，避免直接接触促进剂、稳定剂、重金属化合物。

④ 23-W40（Trigonox 23-W40）（过氧化新癸酸叔丁酯）。

分子量：	244.4
活性氧理论值：	6.55%
半衰期：	84℃时 0.1h；64℃时 1h；46℃时 10h
自加速分解温度：	20℃
报警温度：	10℃
控制温度：	0℃
贮存温度：	−20～−10℃

应用：用于引发反应温度在 40～65℃ 之间的氯乙烯的悬浮聚合，可以单独使用或与其他过氧化物复合使用。如 Trigonox423、Trigonox99 或 Laurox，可以提高反应效率。

安全防护：远离明火、火星及其他热源，远离反应中间体、酸碱、重金属化合物。

⑤ 36-W40（Trigonox 36-W40）[过氧化双-(3,5,5-三甲基己酰)]。

分子量：	314.5
活性氧理论值：	5.09%
半衰期：	96℃时 0.1h；77℃时 1h；59℃时 10h
自加速分解温度：	25℃
报警温度：	15℃
控制温度：	10℃
贮存温度：	−20～0℃

应用：用于引发反应温度在 50～70℃ 之间的氯乙烯的悬浮聚合反应。

安全防护：远离明火、火星及其他热源，远离反应中间体、酸碱、重金属化合物。

⑥ 99-W40（Trigonox 99-W40）（过氧化新癸酸异丙苯酯）。

分子量：	306.4
活性氧理论值：	5.22%
半衰期：	75℃时 0.1h；56℃时间 1h；38℃时 10h
自加速分解温度：	10℃
报警温度：	0℃
控制温度：	−10℃
贮存温度：	−30～−20℃

应用：用于引发反应温度在 40～65℃ 之间氯乙烯的悬浮聚合或本体聚合。99-W40 经常与活性较低过氧化物（如 Perkadox16 或

Laurox）复合使用，以提高反应效率。

安全防护：远离明火、火星及其他热源，远离反应中间体、酸碱、重金属化合物（如促进剂、干燥剂和金属皂类）。

⑦ W-25（Laurox W-25）（过氧化二月桂酰）。

分子量：	398.6
活性氧理论值：	4.01%
半衰期：	99℃时 0.1h；79℃时 1h；61℃时 10h
自加速分解温度：	50℃
报警温度：	45℃
贮存温度：	0～20℃

应用：Laurox W-25 广泛用于引发反应温度在 60～80℃之间氯乙烯的悬浮聚合。大多数情况下将 W-25 与活性较高的引发剂，如 Perkadox16 复合使用，以提高反应效率。

安全防护：远离明火、火星及其他热源，远离反应中间体、酸碱和重金属化合物。

2.5.5 引发剂的乳液化

为了使聚合生产工艺实现电子计算机控制，提高其产量和质量，引发剂的乳化已经是悬浮法 PVC 生产的必然改进措施之一。

聚合釜在入料之后，首先要升温，升温的过程要产生高、低分子量不均的树脂。在先加入引发剂的体系中，这一现象是避免不了的。而且由于引发剂具有不同程度的水溶性，在聚合体系的水相中或多或少会溶解一部分，这成为粘釜严重的原因之一。

引发剂如果不能均匀地分散于 VCM 单体油珠之内，则会出现油滴内分配不均的现象，导致分配多的，聚合很快完毕，但因导热困难，生成玻璃球体。在大釜中尽管增加搅拌强度，引发剂的分配情况有很大改善，但仍不能保证完全消除此现象，也会产生细小的玻璃球体，成为永久性的鱼眼。

随着生产技术的发展，聚合加料的方式也发生着变化。为了解决升温过程中产生的聚合物分子量之间的不均匀，已经有了升温后加引发剂的工艺。这种工艺缩短了聚合加料的辅助时间，提高了设备的利用率，缩小了分子量的差异。很明显，使用固体引发剂已经不可能达到以上效果。

市售的液体引发剂成品有两大类：一类是以甲苯、二甲苯、十二烷为稀释液的引发剂液体，通常它们有效含量较高；另一类是以水为主的稀释液加之乳化剂（一般为分散剂）制成的水乳液。

在生产实践中选择哪一类的引发剂也很重要，溶剂型的引发剂易燃、易爆，再加之溶剂对 PVC 成粒、溶解的影响及对部分添加的助剂的影响，大多数厂家已基本上不用。

水基引发剂安全，不易燃易爆，目前深受广大厂家的欢迎，成为主流产品。水基引发剂分散迅速、分配均匀，基本可满足厂家的需求。

2.6　分散剂在悬浮聚合中的作用

悬浮聚合时，单体在搅拌和分散剂的共同作用下，分散在水中，成为小液滴，聚合反应则在单体液滴内进行。单体处在分散状态为分散相，水是介质为连续相。悬浮聚合中分散剂是非常重要的、不可缺少的原料之一。

分散剂又称悬浮剂，是一种具有界面作用，可以防止聚合过程中液滴凝聚，增加稳定性的物质。分散剂必须对液滴有保护作用，防止液滴合并，在这一点上和使用使连续相黏度增加而提高其稳定性的物质有原则性的区别。

2.6.1 分散剂的类型

分散剂的类型很多，但大体上分为无机分散剂和有机分散剂两大类。

无机分散剂是一种高分散的、不溶于水的无机固体粉末，例如，氢氧化镁、碳酸钙、硫化锌等，这种固体粉末聚集在单体和水的界面上，防止颗粒凝聚在一起，但是在聚氯乙烯悬浮聚合体系中，国内尚未在工业化生产中应用。

有机分散剂大都是亲水的大分子化合物，如明胶、甲基纤维素、羟乙基纤维素、羟丙基甲基纤维素，这些都属于天然的或半合成的大分子化合物。还有部分醇解的聚乙烯醇等经改性的聚合物，这些都属于合成的大分子化合物。

这些有机分散剂在本质上有共同点：既有亲水基团，又有疏水基团。在悬浮体系中，定向排列于液液界面，形成一层凝胶状的保护层，使单体液滴保持分离，阻止聚集。同时作为界面活性剂，吸附于液液界面，起着降低界面张力的作用。

目前的发展趋势是两种不同规格的分散剂复合使用，以求制得颗粒疏松多孔、粒度分布均匀的 PVC 树脂。常选用水溶性高分子分散剂。

2.6.2 分散剂在悬浮聚合中的作用机理

由于水溶性高分子分散剂的分子结构中含有对水吸引力强的亲水基团和对水几乎不具有吸引力的疏水基团，当分散剂以低黏度存在于悬浮体系时，吸附于体系界面。在液液界面上，亲水基团伸向水相，疏水基团伸向单体油相；定向排列。

高分子分散剂由于分子量大，链长而且有柔软性，因此界面吸附速度慢，而且是不可逆吸附。液液界面上分散剂的吸附量，一般随着分子量的增大而增大，并和吸附形态有关。吸附层越厚，保护膜的强度越大，保护能力就越强，这对悬浮稳定性起着重要的作用。高分子分散剂分子量越大，特性黏度越高，则吸附层越厚。

分散相液滴是带电荷的，这些电荷来源于电离、吸附和摩擦接触。吸附在单体液滴表面的分散剂，亲水基团电离，使液滴被负电荷包围。一部分固定在界面上，与液滴电荷相反；另一部分扩散地伸入分散介质，液滴之间带有相同电荷互相排斥，使液滴不易接触而趋于稳定。

另外，两个单体液滴的表面吸附了大分子分散剂，当互相接触时，可溶性大分子互相贯穿压缩，贯穿区大分子浓度增加，水将自动地扩散进入分散剂区，迫使两个单体液滴分开，从而起着抑制单体液滴凝聚合并的作用。

2.6.3 分散剂的几个重要性质

2.6.3.1 界面张力

两种互不相溶的液滴相接触时，产生界面，界面上的分子所受到的分子间的引力与液相内部分子不一样大，产生了力的不平衡，界面越小，受到不平衡吸引力的分子越少，体系的能量越低，所以液体界面有自由缩小的趋势。

大分子分散剂在界面定向吸附时，以自由能较小的疏水基代替自由能较大的水分子排列在单体液滴的界面上，比起纯水界面自由能显著减小，降低了界面张力。所以也可以把使界面张力降低的性质称作界面活性。

大分子分散剂在聚氯乙烯成粒的过程中所起的一个重要的作用是

降低氯乙烯液滴和水的界面张力，促使液滴分散。

分散剂的品种不同其界面张力不同；同种类分散剂，基团不同界面张力也不同，如纤维素醚类则取决于取代基和取代度。而聚乙烯醇则取决于醇解度，乙酰基越多界面张力越低。

分散剂浓度升高，界面张力迅速降低，达到一定浓度以后，即分散剂在界面上饱和吸附之后，界面张力值才不继续下降。

添加少量的界面活性剂之类的助分散剂，界面张力也要降低，当然这有利于疏松型树脂的生成。表面活性剂浓度对分散剂水溶液表面张力的影响见图 2-6。

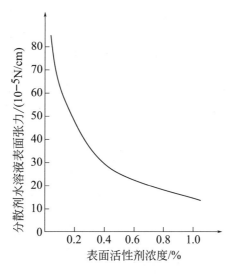

图 2-6　表面活性剂对分散剂水溶液表面张力的影响

随着温度的升高，氯乙烯-水体系的界面张力也略有升高，加入分散剂之后，界面张力降低，当分散剂超过一定浓度后，界面张力不再变化。

2.6.3.2　凝胶温度和浊点

大分子分散剂溶液中，分散剂与水之间的作用呈两种状态，一种是每个大分子分散剂完全溶解为均匀透明的溶液；另一种是溶解的大分子又重新凝集起来，溶液呈白浊状。如果进一步凝集就会发生沉析或沉淀，生成凝胶。凝胶是被水溶解的大分子的聚集体。

浊点是指1%的分散剂水溶液从透明到出现白浊时的温度。

凝胶温度是指2%的分散剂水溶液开始形成凝胶时的温度。

当温度超过浊点或凝胶温度时，分散剂的亲水基失去作用，分散剂的界面保护作用减弱，聚合反应发生结块现象，因此浊点和凝胶温度是使用分散剂时必须考虑的。

这就要求选用的分散剂其浊点或凝胶温度必须高于反应温度，即使在聚合反应之前，分散剂溶液也应保持在浊点温度之下，这样才能保证分散剂水溶液均匀地吸附到单体液滴上，保证聚合的重现性。

聚乙烯醇分散剂常使用浊点这一指标，浊点的高低与分散剂的醇解度和溶液浓度有关，如图2-7所示。

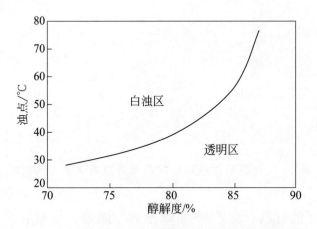

图2-7　1%聚乙烯醇水溶液的浊点与醇解度的关系

从图2-7中看出，醇解度越低浊点也越低。醇解度越高羟基越多，水溶性越好，越容易配制成透明清澈的水溶液，甚至可以在聚合时直接投入。

而纤维素醚类的分散剂凝胶温度的高低受分散剂的取代基及溶液

的浓度、温度、黏度、电解质等因素的影响。

分散剂的取代基不同，凝胶温度不同。

分散剂浓度、温度越高，大分子链因为热运动而靠近，则越容易生成凝胶。

在分散剂溶液一定时，黏度越大，分子量越大，凝胶温度越低。

在分散剂溶液中加入电解质及金属盐类也会使凝胶温度下降。

综合上述，选用分散剂特别注意凝胶温度要高于反应温度。电解质类的助剂要禁止加入。尽量减少聚合所用原辅材料的杂质。

2.6.4　纤维素醚类分散剂

纤维素醚类分散剂是天然纤维素上的羟基被甲基、羟甲基、羟乙基、羟丙基等有机基团取代而制得的，是一种介于天然高分子和合成高分子之间的"半合成高分子"。

羟乙基纤维素水溶液表面张力较大，单独使用时只能得到紧密型树脂。使用甲基纤维素（MC）、羟丙基甲基纤维素（HPMC）等表面张力较小的分散剂可以制得性能较好的疏松型树脂。其树脂颗粒疏松，吸油率高，加工塑化性能好，越来越为人们所重视。

这类纤维素最重要的性质是纤维素醚类水溶液的界面张力、界面膜强度和凝胶温度等。其物理性质取决于纤维素醚类分子量大小、取代基的量和均匀程度。

例如：甲基纤维素，不同的甲氧基含量有不同的溶解性能，见表2-2。

在国外用作分散剂的 MC，其取代度一般在 1.5～2，选用溶于冷水的，其必须是热水溶胀，冷水溶解，在分散剂配制时要加以注意。

表 2-2　不同取代度的甲基纤维素的溶解性

取代度	溶剂
0.1～0.6	4％～8％的 NaOH 溶液
0.6～1.3	冷水
2.1～2.6	醇类
2.4～2.7	有机溶剂
2.6～2.8	烃类

羟丙基甲基纤维素中，羟丙基含量和聚合度对胶强度的影响，见图 2-8 和图 2-9。

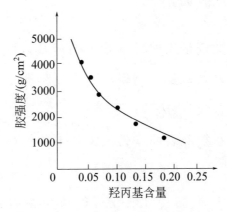

图 2-8　羟丙基含量对胶强度的影响

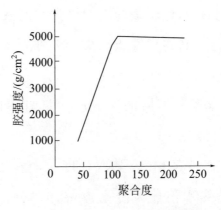

图 2-9　聚合度对胶强度的影响

由图 2-8 可以看出羟丙基含量越大，胶强度越弱。由图 2-9 可以看出分子量越大，胶强度越强。除以上因素外，分散液的温度和分散剂的浓度对分散液界面性质也有很大的影响。

如图 2-10 所示，在一般情况下，温度升高分散剂胶强度增大，反之界面张力下降。所以聚合反应中，反应温度高，如果使用 HPMC 为分散剂，用量需要适当降低。

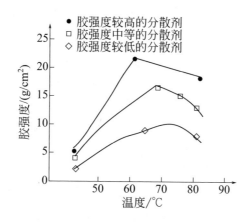

图 2-10　温度对胶强度的影响

由图 2-11 也可以看出，当分散剂 HPMC 浓度增大时界面张力下降，而当浓度增大到一定值时，界面张力几乎不再降低。这时的浓度称之为临界浓度。

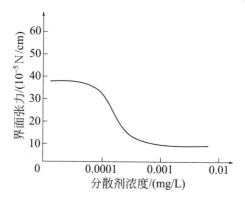

图 2-11　分散剂浓度与界面张力的关系

常用分散剂 HPMC 的临界浓度如下：

规格	K-100	F-50	E-50
临界浓度/(mg/L)	53	53	60

由表 2-3 可以看出：不同取代度、黏度对分散剂 HPMC 的界面张力、凝胶温度的影响。

表 2-3 常用 HPMC 规格性能

规格	甲氧基含量/%	羟丙基含量/%	黏度/mPa·s	表面张力/(10^{-5}N/cm)	界面张力/(10^{-5}N/cm)	凝胶温度/℃
E-50	28~30	7~12	40~60	48	10	60
F-50	27~29	4~7.5	40~60	53	15	65
65SH-50	27~29	4~7.5	40~60	53	15	65
60SH-50	28~30	7~12	40~60	48	10	60
90S-100	19~24	4~12	80~120	55	18	85

总之，在悬浮聚合中采用纤维素醚类分散剂要注意以下几个问题。

2.6.4.1 凝胶化温度

在温度升高到某一个温度时，在纤维素醚类的水溶液（通常实验用的浓度为 4%）中就有纤维素醚析出，这个温度称为凝胶化温度。

纤维素醚的取代度、溶液浓度、温度、黏度、电解质等因素都对纤维素醚的凝胶温度有不同程度的影响。

（1）浓度的影响 一般纤维素醚水溶液的浓度提高，凝胶温度会降低。以甲基纤维素为例，当浓度提高 2% 时，凝胶温度降低 10℃。羟丙基甲基纤维素的浓度提高 2%，凝胶温度下降 4℃。

（2）黏度的影响 纤维素醚类的浓度一定时，黏度增大，凝胶温度下降。各种不同的纤维素醚类都有一个黏度范围的要求，比如：甲基纤维素的黏度范围在 $20\sim40mPa\cdot s$ 时，有较高的凝胶温度和较适宜的表面张力。

（3）电解质的影响　电解质和重金属盐会使纤维素醚的凝胶温度下降。例如：甲基纤维素水溶液在 $PbSO_4$、$FeCl_3$、$FeSO_4$、$CuSO_4$、$K_2Cr_2O_7$、$AgNO_3$、$SrCl_2$ 等重金属盐存在时，则会发生沉淀。这也是 VCM 中 Fe^{3+} 含量要严格控制的原因之一。

（4）温度的影响　一般情况下，温度升高会影响纤维素醚的分散效率。例如：甲基纤维素在冷水中溶解，是由于 MC 的线型大分子吸引了大量的水分子形成了水合链，使甲基纤维素分子之间产生了一定的距离，进一步地让水分子渗透到其中，使之完全地分散。温度升高时，大分子链容易相互靠拢，使分子之间引力增大，达到一定程度时会形成凝胶。

（5）pH 值的影响　纤维素醚的水溶液在一定的 pH 值的范围内，分散的效率是稳定的。例如甲基纤维素适宜 pH 值为 $8\sim11$。偏酸时，则容易生成沉淀与凝胶。所以在用纤维素醚作为分散剂时，分子之间引力增加，达到一定程度时会形成凝胶。

通过以上分析可以得出：当用纤维素醚作分散剂时，要注意以下几点：①浓度不宜太大；②反应温度越高，纤维素醚的凝胶温度也越高；③反应体系的 pH 值应稳定在中性和稍偏碱性；④要解决电解质的存在问题。除了提高原材料、辅助材料的纯度以减少杂质外，VCM 中含 Fe^{3+} 的问题也要引起高度的重视。

2.6.4.2　表面张力

表面张力是决定纤维素醚分散剂性能重要的指标之一，可对树脂的性能产生重要的影响。该项指标与温度、浓度、杂质等因素有关。

（1）浓度的影响　纤维素醚水溶液浓度提高时，其表面张力下降。

（2）温度的影响　大多数液体的表面张力一般都随着温度升高而降低，这是由于当温度升高时，表面分子的动能增加，有利于它们摆脱液体的吸引，使表面张力下降，换句话说，在生产高型号树脂（反应温度高一些）时，其所产树脂密度要小一些。

2.6.4.3　纤维素醚类分散剂的应用

目前在国内生产中大多采用纤维素醚与 PVA 复合应用，单一应用的厂家已很少了，所以单独地讨论纤维素醚的应用已失去意义，所以在讨论应用时，首先讨论为什么实践上不使用单一的纤维素醚的分散剂而采用与 PVA 复合使用。

由上述结构和性质所知，我们总结其有如下缺陷：

① 它存在凝胶温度，所以在使用中必须选择凝胶温度高于反应温度的纤维素醚。即使选择合适的纤维素醚以后，由于受到原料杂质，尤其是 Fe^{3+} 的影响，凝胶温度会降低，一旦达到凝胶温度，它析出的纤维素醚即使没有出现反应异常，混在 PVC 中也会成为不易塑化的颗粒，影响产品的质量，甚至出现"粗料"现象。

② 由于其表面张力受到许多条件的影响，配制中的浓度、温度、反应温度的变化对其都有影响。反应体系 pH 值的变化，直接影响纤维素醚性能的稳定，各生产厂家的不同条件势必造成此类的影响，所以使用纤维素醚生产的 PVC 的树脂表现出粒子不规整、视密度降低。也就相继使用 PVA 来弥补这一方面的不足。

③ 纤维素醚的溶解要遵循"热溶胀，冷溶解"的过程。厂家使用起来很麻烦，容易结块，或黏稠物粘在溶解槽上造成损失，冷、热的溶解过程也相应增加了工艺的复杂性。

④ 纤维素醚无论多少均存在不溶物问题，这个问题会影响产品质量。加之是半天然的高分子物，在离心过程中，不可能将附着在大 PVC 颗粒上的纤维素醚全部洗掉，天然纤维素的耐热性差的缺陷也带给了 PVC，从而影响树脂的热稳定性。

⑤ 由于纤维素醚类分散剂是半天然半合成的高分子物，所以极易被细菌分解，因而配制好的纤维素醚类分散剂，一定要注意保存的温度和时间，一般常温下保存三天其黏度已发生很大变化，再使用必须采取措施，否则很危险。

⑥ 纤维素醚的价格较 PVA 高，也是限制其使用的重要因素。

综上所述，各生产厂家都采用与 PVA 复合使用，从潮流上看，使用不同规格的 PVA 复合已经逐步走向成熟，欧洲基本上是 PVA 体系，我国不少厂家也逐步走向 PVA 体系。

在目前应用的厂家中，纤维素醚类的品种基本上是：美国陶氏化学的 F-50 和 E-50；日本信越株式会社的 60SH-50 和 65SH-50；国产 60RT-50 和 65RT-50 等牌号，其他规格应用极少。部分厂家也有应用 90SH-100 这一品种的。

2.6.5 聚乙烯醇类分散剂

（1）聚乙烯醇类分散剂的制造

聚合度：$m+n$

醇解度：$\left(\dfrac{m}{m+n}\right)\times100\%$

从以上反应中不难看出，由于聚乙烯醇是聚乙酸乙烯酯在碱性条件下醇解而制得的，所以基本上保持了聚乙酸乙烯酯的聚合度和分子结构。

（2）由于生产厂家很多，常用的聚乙烯醇分散剂规格型号就不一一列举了，可参见表 2-4 和表 2-5。

表 2-4　日本可乐丽主要分散剂名称规格

牌号名	黏度/mPa·s	醇解度(摩尔分数)/%	灰分/%
420	37.0～45.0	78.0～81.0	0.4
420H	29.0～35.0	78.5～81.5	0.4
420HY	28.0～33.0	74.0～76.0	1.0
422H	32.0～38.0	78.5～81.5	0.5
424H	45.0～51.0	78.5～80.5	0.5
424HK	45.0～51.0	78.5～80.5	0.5
L-8	5.0～5.8	69.5～72.5	1.0
L-9	6.0～6.5	69.5～72.5	1.0
L-9-B	6.0～8.0	71.0～73.0	0.5
L-10	5.0～7.0	71.5～73.5	1.0
L-11	5.5～7.5	71.0～73.0	0.5
L-12	5.5～7.5	71.0～73.0	0.5
L-9-78	5.5～7.0	76.5～79.0	1.0
L-508	6.0～7.0	71.0～73.0	0.5
224	40.0～48.0	87.0～89.0	0.4
224E	40.0～50.0	87.0～89.0	0.4
624	50.0～60.0	95.0～96.0	0.4

续表

牌号名	黏度/mPa·s	醇解度(摩尔分数)/%	灰分/%
635(1)	90～120	93.0～95.0	1.0
635(2)	90～120	89.0～95.0	1.0
ABH-1317	19.0～25.0	83.5～86.5	—
LM-15	4.5～5.7	33.0～38.0	—
LM-10HD	4.5～5.7	38.0～42.0	—
LM-25	3.0～4.0	33.0～38.0	—
LM-20	3.0～4.0	38.0～42.0	—

表 2-5 日本合成化学主要分散剂产品名称规格

牌号名	黏度/mPa·s	醇解度(摩尔分数)/%	灰分/%
KH-20	44.0～52.0	78.5～81.5	0.7
KH-17	32.0～38.0	78.5～81.5	0.7
GH-23	48.0～56.0	86.5～89.0	0.7
GH-20	40.0～46.0	86.5～89.0	0.7
GH-17	27.0～33.0	86.5～89.0	0.7
KP-08	6.0～9.0	71.0～73.5	0.7
KP-06	5.0～7.0	71.0～74.0	0.7
KX-310	7.7～8.7	70.0～74.0	0.7
KX-210	5.7～7.0	70.0～74.0	0.7
KX-200	4.5～6.5	75.0～78.0	0.7
LL-02	7.0～10.0	45.0～51.0	—
LW-100	1000～2000[①]	39.0～46.0	—
LW-200	500～2000[①]	46.0～53.0	—
LW-300	500～2000[①]	53.0～60.0	—
LW-400	2000～3500[①]	35.0～38.0	—

① 该产品浓度为40%。

（3）分散剂的主要指标。使用PVA为分散剂，主要参阅三个指标：聚合度、醇解度、乙酰基分布状况。

乙酰基在聚乙烯醇的大分子结构中分布不宜过分集中，而应该较宽，并且乙酰基和羟基应嵌段排列，以保证其作为分散剂时较强分散能力，并使生产的PVC颗粒性能优良。

醇解度高，PVA的表面张力大，因此其醇解度越低，分散能力越强，制得的树脂颗粒越细，但是如果醇解度过小，则在水中的溶解度变差。一般作悬浮聚合分散剂使用时，其醇解度应在70%～90%为宜。过低醇解度的PVA（如50%左右）也可以在聚合中应用，但主要是作为悬浮聚合的助剂，制取高孔隙率和容易汽提的树脂。

如图2-12所示，聚合度对悬浮聚合的影响不如醇解度大。聚合度主要影响PVA的保胶能力和在水中的溶解度。聚合度越大，保胶能力越强，树脂颗粒不易发生并粒。但是由于聚合度越大其在水中的溶解性越差，所以应选用聚合度小一些的分散剂为宜。

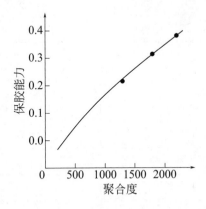

图 2-12　相同醇解度PVA与保胶能力曲线

用于悬浮聚合的PVA，聚合度应在860～2000，用于增加树脂疏松程度的PVA的聚合度约在200～300。

总之使用聚乙烯醇为分散剂，醇解度、聚合度越低，其表面活性越大，界面张力越小，制得树脂的孔隙率越高，增塑剂吸收速度越快，对减少树脂中的鱼眼和脱除 VCM 都有利，但是树脂的视密度较低。反之亦然。

要得到粒子细、分布窄、孔隙率高、密度适宜的树脂，必须选用聚合度高、醇解度低、保胶能力好、分散能力也好的 PVA。在同种 PVA 上是很难达到如上要求的，所以在制取性能、指标优良的树脂时，往往使用复合分散剂。

使用 PVA 时，请注意它的溶解性能，80%（含80%）以下醇解度的 PVA，均可以常温水溶解，无需升温，但溶解时间应在 7h 以上。

使用 PVA 为分散剂，其在水中的溶解是较差的，需要预溶。溶解的方法是在低温水中将其溶胀以后，再在高温（一般 70～80℃）水中溶解，然后再降温使用。

2.6.6　复合分散剂

一种分散剂要达到既有较高的表面张力，又有较高的界面活性是很难做到的，即使用一种分散剂，既要使制得的树脂有较大密度，又要有较大的增塑剂吸收率和孔隙率是很难的，故需要两种分散剂复合。

复合分散剂的原则是：选用一种具有较高表面张力的分散剂和另一种具有较高界面活性的分散剂混合。

利用一种表面张力大的分散剂控制颗粒度、颗粒规整性、视密度等。利用另一种表面张力小、界面活性大的分散剂控制树脂的增塑剂吸收量、鱼眼等。当然这两者之间是相辅相成的，这要由其复合比例和分散剂的总用量而定，这种复合比例通过试验，由制得树脂的好坏来进行相应调整。

在使用 PVA 和 HPMC 为复合分散剂时，最好不采用 1∶1 这样的复合比例，以避免使分散剂的溶解发生困难而导致粗粒子的出现。

2.6.7　搅拌对分散剂的依附性

正如前面所述，各种釜型会产生各种不同的搅拌转速和形式，加之国内企业自己也可以改动已有搅拌形式，所以在选择分散剂上会有许多不同的方案，如选择不合理，虽能正常生产出树脂，但所产树脂的质量差异很大。怎么选择复合配方的分散剂成为生产者最关心、最迫切需要解决的问题。

搅拌的强弱除前面所述的搅拌转速之外，还有搅拌的形式。

一般地说，搅拌的强弱可大体分为强、中、弱三种情况，就搅拌的形式而言，板式搅拌属强搅拌，45°斜桨式属中等强度搅拌，而推进式圆棍形三叶后掠式属弱搅拌。

强搅拌由于其剪切力大，分散能力也相对强，所以需要在复合分散剂中加一些高保胶型的分散剂。

弱搅拌由于其剪切力小，分散能力弱，所以需要在复合分散剂中加一些分散型的分散剂。

强搅拌会使分散剂用量大大降低，弱搅拌时，分散剂的用量相对多一些。

从成本上考虑，似乎弱搅拌由于分散剂用量高一些，不经济，但是从实践上看由于强搅拌分散剂的用量很低，分散剂对颗粒形态和质量的调整显然没有余地，会造成配方调整对质量变化的影响不大，也就是很难生产出适宜的质量指标的树脂。

分散剂的用量达到一定程度时，才能发挥其对颗粒形态的影响功能，所以一般对 VCM 而言，万分之五以下的用量时，配方极不稳定

（对质量而言）。

所以从这个意义上讲，在 PVC 生产中，强搅拌逐步过渡到弱搅拌成为一种趋势，当然不是所有板式搅拌都是强搅拌。釜型很大、叶片很少的板式因其釜内搅拌强度分布不均匀而属于弱搅拌。

总之，分散剂用量很少的搅拌，生产出高质量的产品极其困难，一般分散剂用量维持在 0.05％～0.08％之间较为适宜。

从分散剂的角度上说，调整复合比例均可显现出很好的效果，而且粘釜情况也相对得到缓解。

这里的指导思想是降低成本不能以牺牲品质为原则。

2.6.8　反应温度与分散剂的选择

由于分散剂的表面张力随着聚合温度的提高而增大，而在生产不同型号的 PVC 时，使用的反应温度又不相同，从 P-2500 到 SG-8 型可由 38℃上升到 70℃以上，在这么广的温度范围内，分散剂的表面张力变化极大，从而影响到聚合反应体系的平衡，所以适当调整分散剂的品种和用量，对生产出满意的产品就显得尤为重要。表 2-6 供进行配方调整时参考。

表 2-6　复合分散剂的调整建议

生产型号	复合选用品种	助分散剂用量	总用量
SG-2			
SG-3	GH-20、KH-20、KH-17、E-50、60SH-50、L-10、L-9	低	高
SG-4			
SG-5	GH-20、KH-20、KH-17、E-50、60SH-50、L-10、L-9	中	中
SG-6			

生产型号	复合选用品种	助分散剂用量	总用量
SG-7	L-9-78、KH-17	高	低
SG-8			

表 2-6 只列出了简单牌号，供选用参考，相同规格的也可参考选用，以最终试验结果确定，该表反映出这样的原则：

① 随反应温度的提高，选用分散剂的黏度下降，低黏度分散剂的用量在复合时增加。

② 随反应温度的提高，所用的醇解度高的分散剂的用量下降，直至消失。

③ 在生产 SG-7、SG-8 型树脂时，由于反应温度很高，不宜采用羟丙基甲基纤维素（HPMC）而是用单一的 PVA 体系。

④ 在生产 SG-7、SG-8 型树脂时，宜采用耐高温型 PVA L-9-78 为主要分散剂。

2.7 其他助剂在悬浮聚合中的应用

2.7.1 抗鱼眼剂

在聚合反应中使用 EHP 等高效引发剂，基本上无诱导期，在加料过程或尚无完全分散均匀之前，可能发生快速聚合。在聚合升温尚未达到反应温度时，这种反应已经开始，这样会造成：低温聚合中产生的高分子聚合物和高温（釜壁）处产生的低分子聚合物，会导致产品产生鱼眼，影响热性能。在聚合加料和分散均匀以前，这些都是不希望见到的，抗鱼眼剂则是消除这种弊病的助剂。

常使用的抗鱼眼剂为 3-叔丁基-4-羟基苯甲醚（BHA）。

BHA 的阻聚行为见表 2-7。

表 2-7   BHA 的阻聚行为

BHA 用量		升温速度 /(℃/min)	反应时间 /min	出料 pH	聚合收率 /%
/mg	/%				
0	0	3	60	6	14.50
30	24	3	60	6	8.92
60	48	3	60	6	6.70
130	104	3	60	6	1.10

由表 2-7 不难看出，在相同工艺条件下，添加 BHA 后聚合收率降低，且随 BHA 用量增加，聚合收率正比下降，所得 PVC 树脂的分子量分布集中，其主要作用是使聚合体系产生诱导期，有利于引发剂在单体液滴中均匀分布，能防止快速粒子的生成和低温聚合反应。一般用于采用入料后用夹套升温的釜。

2.7.2 聚合终止剂

由于聚合反应后期单体减少，聚合反应终止的概率增加，产生的低分子量聚合物、支链聚合物含量增多，末端双键含量增加，烯丙基氯上的氯原子更不稳定，从而影响产品的热稳定性和力学性能。因此转化率达到一定程度以后，终止其反应是完全必要的。

为了终止反应，一般的抗氧剂都具有阻聚性能，从效果、价格、毒性、货源等诸因素考虑，双酚 A 是一种比较理想的聚合终止剂，加入双酚 A 以后尽管釜压降低很慢，但实践证明：收率没有明显变化，反应基本停止。

尽管加入双酚 A 后树脂白度稍有下降，但制品的热性能却有明显的提高，可见双酚 A 仍是目前不可缺少的一种终止剂。

另外，还有一些其他的终止剂品种，如 α-甲基苯乙烯、ATSC（丙酮缩氨基硫脲）。ATSC 可以作为终止剂，达到终止效果比双酚 A 要快，但是它的作用单一，只起终止作用而无热稳定作用，它的优点是可以和双酚 A 复合在一起，以 NaOH 溶液来溶解，但价格较高、毒性也较大。

α-甲基苯乙烯，可作为紧急终止剂。由于该品种是一种单体，竞聚率极高，可以高效地终止聚合反应，速率数倍于 ATSC，所以也可用于终止剂，它的残留对树脂的塑化性能有帮助，用于终止剂时用量也相对较少。缺点是：由于其是液体，不能与双酚 A 混合在 NaOH 中溶解，所以在使用中，有时也把它和双酚 A 混合做成乳液使用。但其价格比 ATSC 便宜很多。

也有其他终止剂，性能优良、作用快速，但价格较高，在此不一一列举。

2.7.3　链转移剂

PVC 分子量的大小，主要取决于聚合温度，如果要制取低分子量的树脂，就必须提高聚合反应的温度，温度提高，反应压力也随之提高。

这一过程带来了设备允许压力要提高，操作控制困难，成品热稳定性差，透明粒子增多，脱除 VCM 困难等一系列问题，因此工业生产上一般采用提高聚合温度的方法来制取低聚合度的树脂，而使用链转移剂，使聚合在较低温度下反应，又能得到低聚合度树脂。

用于悬浮聚合的链转移剂种类很多，国内常用的有巯基乙醇。

三氯乙烯尽管是有效的链转移剂，而且原料来源丰富，但是由于它能溶解单体和聚合物，使树脂的增塑剂吸收量降低，密度分布变宽，甚至出现大量的透明粒子，且添加量很大，所以不宜使用。

巯基乙醇添加量为 100～300mg/L 时，可以降低聚合反应温度 2～3℃，但是在不同反应温度时其链转移常数也发生变化，所以添加量的多少要视温度由试验确定。

总之，巯基乙醇效率高、用量少，同时还具有改进聚合物多孔性、热稳定性、加工性能、颗粒形态和颗粒分布、容易脱除 VCM 的多种功能。

如果制取低分子量的产品，聚合的反应温度很低，甚至要求聚合度为 4000～6000 时，反应温度达到 30℃左右。这样釜的传热对冷却水温和冷却水量都提出很高的要求。

为了解决以上问题，使用较高的反应温度生产出高聚合度的树脂，有的厂家采用加扩链剂的方法。

用于此种方法的扩链剂一般采用苯二甲酸二烯丙酯、苯二甲酸三烯丙酯或聚乙二醇二丙烯酸酯。

采用扩链剂方法生产的高聚合度的聚氯乙烯树脂，由于存在部分交联的结构，所以链的柔曲性必然受到影响，无论在抗张强度或耐冲击等力学性能上均无法和低温法树脂相比。故只能在条件所限或要求不高的制品中应用。但这种方法常用于生产交联树脂。

2.7.4 反应介质的 pH 值和 pH 调节剂

反应介质的 pH 值对聚合反应速率、聚合物的质量均有很大的影响。引发剂的分解速率、分散剂的稳定能力皆取决于介质的 pH 值。

pH 值越高，则引发剂的分解速率越快，但是氯乙烯也相对易于分解放出氯化氢，对聚合反应不利。pH 值降低则对控制聚合釜的粘釜不利。

在碱性条件下的聚合中，对于 PVA 分散剂，其长链上残存的酯基会进一步醇解，使醇解度增大，表面张力下降，导致粒子变粗。同样的条件下 MC、HPMC 等纤维素醚类分散剂，也会受其影响，尤其是单体中尚存 CH_3Cl 时，则会促使纤维素醚类分散剂进一步甲基化，同样影响其分散效果和产品质量指标。

最简单的办法是使用 pH 值调节剂，稳定体系的 pH 值至中性。

中性 pH 值调节剂，常用的有 $NaHCO_3$ 和氨水及碳酸氢铵，但用量稍大一些。

碱性 pH 值调节剂，最常用的是 NaOH。在使用碱性 pH 调节剂时，除了稳定 pH 值以外，尚需注意，加碱时间过快，量过大，或局部量过大，均容易使树脂颗粒变粗。这主要是由于局部 pH 值变化过大会对分散剂产生影响。

加碱量要根据体系的 pH 值而定，体系内含氧量高，需要多加碱。单体和去离子水含酸，也应提高加碱量。总之，加碱量的大小，最终要根据反应结束后体系的 pH 值来确定。此时的 pH 值以维持在中性值为宜。值得注意的是，NaOH 作为 pH 值调节剂具备很大优点：

① 用量少，一般 $30m^3$ 釜用量为 100～200g 即可；

② NaOH 的存在有一定的整粒和防粘釜的作用；

③ 由于 Na^+ 可以封闭 PVA 中的乙酰基基团，从而有效地阻止了 PVA 和 VCM 表面的接枝共聚又不影响 PVA 的保胶能力，改善了 PVC 的塑化性能。

但要注意的是，NaOH 的加入，往往导致体系的 pH 值偏高，为此在生产中使用 NaOH 的较安全的办法是将 NH_4HCO_3 一起加入作为 pH 值复合调节剂，效果比较好。

其复合的比例约为：100g NaOH 复合 2kg 的 NH_4HCO_3 比较合适。

2.8 其他影响氯乙烯悬浮聚合的因素

2.8.1 氧对氯乙烯悬浮聚合的影响

在氯乙烯悬浮聚合中，存在氧气时，会导致 pH 值的降低，当聚合釜内不含氧或含很少量氧时，体系 pH 值下降缓慢，若含氧量高时，反应体系 pH 值在反应开始后则急剧下降。一般反应 2.5h 后下降幅度增大。

氧的存在对聚合反应起阻聚作用，这是由于长链的游离基吸收氧而生成氧化物，使链终止。其反应如下：

$$+CH_2—CHCl +_n + nO_2 \longrightarrow +CH_2—CHCl—O—O +_n$$

生成的氧化物在 PVC 中，使热稳定性也显著变坏，产品易于变色。

氧含量对聚合反应中聚合物聚合度的影响，如表 2-8 所示。

表 2-8 氧含量对聚合度的影响

氧含量/(mg/L)	0	3.57	17.87
PVC 聚合度	935.4	893.3	377.4

氧含量对聚合反应速率的影响见表 2-9，由于氧的存在会引起聚合体系 pH 值降低，随之粘釜也会加重。

表 2-9 氧含量对聚合反应速率的影响

聚合时间/h	3	6	7	9	10	14
空气中的聚合率/%	2.5	12	18.5	33.5	49	72.4
N$_2$中的聚合率/%	5.5	21.5	22.1	36.9	57.3	77.7

氯乙烯的悬浮聚合中的氧，一是来自于水相，常温下水中含氧约10mg/L，二是来自于气相，气相的含氧则与加料方式、加料系数、釜内气体置换有关。

如采用密闭的入料和连续的入料聚合工艺，则气相的含氧可以大大降低，只要认真地将清釜开盖后第一釜的排气置换彻底就可以了。但是水相中含氧的彻底解决，要向等温水入料方向和入水的真空脱氧方向发展，这样含氧所带来的弊病才能克服。

2.8.2 铁对悬浮聚合的影响

铁的存在除了对产品的热性能产生极大的影响之外，尚有延长聚合反应的诱导期、降低产品的热性能和电性能的作用，粘釜也相应加重。

在使用纤维素醚类的分散剂时，铁的存在会降低凝胶温度，易于产生粗料。

铁的存在主要是单体中的HCl所致，为此除了严格地控制VCM中的铁含量（一般要求1mg/L以下）之外，对聚合物料接触的管道、阀门、设备一般使用耐腐蚀材料。利用固碱干燥脱除VCM原料的水也是有效的除铁方法。

在聚合体系中，为了减轻铁离子的影响，常加入铁离子螯合剂，EDTA是较好的铁离子螯合剂，它不但可以螯合部分铁离子，达到稳定体系的作用，而且对树脂的白度、增塑剂吸收性能也会无不良影响。

2.8.3 高沸点物对悬浮聚合的影响

高沸物的主要来源是单体，单体中的乙烯基乙炔、乙醛、1,1-二氯乙烯、1,1-二氯乙烷、1,2-二氯乙烷等，都是比较活泼的链转移剂。

在聚合反应中，它们能使增长着的聚氯乙烯链发生转移，从而降低聚合度和聚合反应速率。较低含量的高沸物的存在，可以消除高分子长链端基的双键，似乎对热稳定性略有好处，但是较大量的高沸物的存在对产品的聚合度、反应速率产生较大影响这是肯定无疑的。乙醛、1,1-二氯乙烷对聚合产品聚合度的影响见表 2-10、表 2-11。

表 2-10　乙醛对聚合产品聚合度的影响

乙醛含量/%	0	0.195	0.78	2.92	7.8
PVC 聚合度	935.4	831.0	767	500.8	315.5

表 2-11　1,1-二氯乙烷对聚合产品聚合度的影响

1,1-二氯乙烷含量/%	0	0.29	1.15	4.3	11.6
PVC 聚合度	935.4	810.4	800.7	779.8	546.8

提高单体纯度，是减少这些杂质的关键。

2.8.4　氯离子对悬浮聚合的影响

聚合用水中 Cl^- 的存在，对聚合物颗粒度影响很大，特别是使用 PVA 分散体系时，会使颗粒变粗，其影响如表 2-12 所示。

表 2-12　Cl^- 对 PVC 颗粒度的影响

水中含氯量/(mg/L)	40 目过筛量/kg	正品收率/%
20	820	20.5
7.5	3880	95.2

所以一般聚合用水的 Cl^- 浓度控制在 10mg/L 以下。

2.8.5　聚合工艺对悬浮聚合的影响

除了上述种种因素之外，工艺对聚合反应及产品质量也将产生较大的影响，分述如下。

2.8.5.1　加料顺序

众所周知，加料顺序与产品质量有直接的关系。对于悬浮聚合来讲，正常的加料方式是先加入水，再加助剂及原辅材料，之后搅拌进行聚合反应。此种加料方式称之为正加料。

正加料的顺序不利于引发剂均匀地分散在每个单体油珠之内，根据国外的经验，每个单体油珠只有通过搅拌使之反复进行聚集又分散，才能使引发剂均匀地分配。这个过程是相当长的，在瘦长型的釜内，如 $13.5m^3$ 釜，约 3h 或更长的时间才能完成。在强烈的剪切力存在下，也至少需要 1h。所以在加料后、聚合反应进行之前需要冷搅拌一段时间。离开了这个过程，引发剂在单体内溶解得不均匀，会产生快速粒子，使产品鱼眼大幅度增加。

为了使引发剂溶解在单体内，产生了另一种加料方式——倒加料。即先加单体及引发剂，后加水及助剂。

这种加料方式能使引发剂均匀地溶解在单体中，对解决引发剂分配不均带来的鱼眼是行之有效的。尤其对固体的引发剂就显得更重要了。

这两种加料方式哪一种较好呢？首先分析一下悬浮过程。在加料时，悬浮过程就已经开始：正加料时，加水之后，开始加入单体，水是大量的连续相，此时单体即迅速地被搅拌剪切、分散，在分散剂的作用下形成一个个油珠。倒加料时，加入单体之后，开始加水，单体是连续相，开始加入的水悬浮在单体中，形成一个个水珠。只有随着水的不断加入，才使水相逐渐地变成连续相。这个变相，称为相逆转。悬浮在单体中的水珠，外层有单体，最后被分散开来，很难冲破分散剂的保护，再回到水相中去。最终可能形成空壳粒子和变形颗粒，对颗粒形态产生不利的影响。所以悬浮聚合在解决了引发剂溶解问题之后，采用正加料方式较为理想。

2.8.5.2 中途注水

要改善聚合釜的传热性能，缩小釜内反应的温差，就必须保持传热介质水的稳定。

结合我国目前条件，尚不具备随着反应进行不等量注水的工艺，大多数仍采用等量注水的工艺措施。

① 注水时间和注水量的确定。关于注水时间，在等温水入料的情况下，以加入引发剂后即开始注水为宜。因为普遍情况下，在使用复合引发剂时，反应基本在 1.5h 左右开始加剧放热，需用水补充其收缩部分，而此时再注水就有些来不及了，故以在加完引发剂就开始注水为宜。关于注水量的计算，在笔者实践中，应计算两个用量：VCM 的体积收缩量；所生成树脂增塑剂的吸收量，二者合起来为宜。

下面以 70m³ 聚合釜为例加以说明：

首先计算 70m³ 釜的装填系数，70m³ 聚合釜，内冷管、搅拌轴和搅拌叶占据的容积约为 2m³ 左右，有效容积为 70－2＝68（m³）。总加入量为 68×0.9＝61.2（m³）

加料容积：

加单体 25～27m³；

加料过程的各种冲洗水，大约 3m³；

加入水大约 30m³；

按此计算至少还留有 1.2m³ 空间。

下面来计算单体的体积收缩量：

转化率按 85% 计算：

$27m^3 \times 0.85 = 22.95m^3$

单体体积收缩量约为 0.3

$22.95 \times 0.3 = 6.885$（m^3）

这个量为注水的第一计算量。

第二注水量计算：

第二注水量应为实际转化为聚氯乙烯的数量乘上实际产 PVC 的增塑剂吸收率，实际上 $70m^3$ 聚合釜单釜产约 $21m^3$ 左右 PVC，增塑剂吸收率依型号不同有些差异，以 21% 来计算，则 $21 \times 0.21 = 4.41$（m^3）

将上述两个注水量相加：

$4.41 + 6.885 = 11.295$（m^3）

由于聚合釜有下轴封注水，注水量一般均为 $0.5m^3/h$，则反应开始前已开始注下轴封水，大约 1h，加上反应时间，共 4.5h，则注水量应为：$11.295 - 2.25 = 9.045$（m^3）≈ 9（m^3）

通过以上计算得出，$70m^3$ 聚合釜反应中途注水量应该为 $9m^3$。

反应时间以加完引发剂开始计算，每小时注水量应为 $2m^3/h$。

当然注水量在反应后期已经意义不大了，也可以增加前期、中期注水量，在反应结束前 1h 可以少注水或不注水。

② 注水的方法。注水一般采用流量计计量，其小时注水量由计算得到。在通常生产中，为保证注水泵连续、可靠工作，应考虑使用两台，而且注水泵是连续操作的，其压力应大于釜内所生产型号的最大压力。

对注水管线的要求：装有限流孔板，其孔径要预先进行流量的测量，主要目的是一旦流量计发生损坏或偏差时，可转而由时间测定，完成该釜的注水；釜上装有止逆阀，以防一旦注水泵发生故障，釜内的 VCM 排入水泵。

在不具备仪表、流量计时，也可以简单地用限流孔板计算，靠控制注水时间完成注水工艺。

2.9 聚合釜的传热

2.9.1 聚合反应放热的特性

氯乙烯聚合热（约 1507kJ/kg）较大，聚合过程中要及时散热才能保证聚合温度恒定。因此传热问题就成为聚氯乙烯生产过程中的突出问题，如果能将氯乙烯聚合过程中的传热问题分析清楚，对生产的提高将起促进作用。

在氯乙烯聚合过程中，起初有诱导期，中后期有凝胶效应，聚合速率或放热速率并不均一，前慢后快、前快后慢、匀速聚合等情况均有可能，主要决定于引发剂的活性。从充分利用设备、提高生产能力角度看来，应该选择适当的引发剂，达到匀速反应。

（1）凝胶效应与自动加速现象　在聚合反应过程中，由于所生产的聚氯乙烯聚合物具有不溶解于氯乙烯但可被氯乙烯溶胀而呈黏胶状物的特性，因此，随聚合反应进行，氯乙烯微珠内不断析出聚合物的黏胶状物。在黏胶相内，由于黏度的增大，使导热性能变差，使微珠内温度升高，加快了反应速率。又因微珠内黏度的增大和长链大分子卷曲、缠绕而不易发生偶合的链终止反应，相反却极容易发生大分子自由基与氯乙烯的链增长和链转移反应，而引发作用仍然随聚合反应不断发生。因此，在反应体系内活性中心的浓度不断增大，反应速率不断加快。这种随着聚合物增多，反应体系变稠，而反应速率又不断加快的现象称为凝胶效应。由于凝胶效应的存在，使反应速率自始至终存在着自动加速过程。这种反应体系内的活性中心的浓度不因大分子自由基的链终止而减小，而引发剂自发分解新增加的活性中心随反应时间而增加，这就是形成氯乙烯悬浮聚合反应"自动加速现象"的最根本的原因。

（2）自动加速现象与聚合反应放热的关系 由于聚合反应存在着自动加速现象，使聚合反应的转化率与时间的曲线呈非线性关系，如图 2-13 所示。

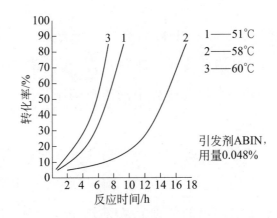

图 2-13　VC 转化率与反应时间关系（理论曲线）

图 2-13 表明，聚合转化速率随时间而变大，聚合反应必然会出现由缓慢到激烈的过程，反应放热量也必然会出现"高峰"现象。

由图 2-14 可见，反应进行到第 7 个小时，放热高达 $282.6 \times 10^4 kJ/h$，二者相差 1.9 倍。

聚合反应放热出现"高峰热值"，是由反应的"自动加速现象"所造成的，而聚合的移热工艺，必须满足聚合反应放热的这一特性。

（3）聚合反应过程中热负荷的分布 VC 聚合热约为 1540.7kJ/kg。由于不同型号 PVC 的反应温度不同，聚合配方选用的引发剂体系和用量也不同；以及不同种类的引发剂所产生的"自动加速现象"

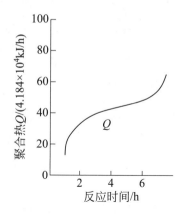

图 2-14　聚合反应放热与反应时间的关系
（30m² 釜聚合反应放热曲线，树脂型号 SG-2）

程度的不等，造成聚合反应过程中热负荷分布的不均一，而各种不同型号树脂反应过程中热负荷分布又不一致，如图 2-15 所示。

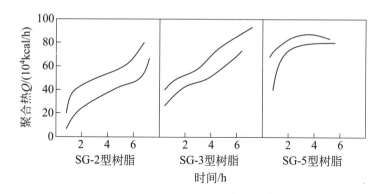

图 2-15　各种型号树脂的热负荷分布曲线

图 2-15 为以 IPP 为引发剂时，生产不同型号的疏松型树脂的聚合热分布曲线。由图可以看出，SG-2、SG-3 型树脂的聚合反应过程中热负荷的分布较宽，其高峰热负荷值 $Q_{高峰}=(272.1\sim293.1)\times10^4\mathrm{kJ/h}$，而刚刚进入正常反应的第 2 小时的热负荷 $Q_2=(146.5\sim188.4)\times10^4\mathrm{kJ/}$ h，$Q_{高峰}/Q_2=1.5\sim1.9$。这是因为 SG-2、SG-3 型树脂聚合反应温度低，引发剂的半衰期长，早期分解不多，使后期引发剂和单体残存量

较多，造成后期反应激烈，与"凝胶反应"的影响叠加起来，出现明显的自动加速现象。而 SG-5 型树脂，由于反应温度较高，引发剂半衰期缩短，早期即有大量的引发剂分解成自由基，使大量单体引发聚合，以至反应的第 2 小时就保持了较高的聚合速率，而后期引发剂和单体的残存量较少，反应速率低，和"凝胶效应"相抵，无"自动加速现象"产生，使 $Q_{高峰}$ 与 Q_2 基本相同，故此热负荷分布窄，没有反应激烈期。

由此看来，选用半衰期较短的引发剂，如 DCPD 或 TBCP 等，可以消除反应后期的"自动加速现象"，有利于热负荷分布的均一，对聚合反应的控制和反应热的移出是大有好处的。而减少引发剂的用量，适当延长聚合时间，使单位时间内热负荷包括高峰热负荷降低，也可以起到对热负荷的调节作用，但釜的利用率要相应下降。

2.9.2　聚合釜的传热性能

2.9.2.1　传热系数的意义及测定方法

传热系数可按传热速率公式求得：

$$K = \frac{Q}{F \Delta t_m} \tag{2-2}$$

式中　Q——单位时间的传热量，kJ/h；

　　　F——传热面积，m^2；

　　Δt_m——平均温度，℃；

　　　K——传热系数，$kJ/(m^2 \cdot h \cdot ℃)$。

由式（2-2）可知，传热系数即在单位时间内，平均温差为 1℃ 时在单位面积的传热面上所传过的热量。

在 PVC 生产中，一般总是希望在保证聚合温度和树脂质量稳定的前提下，尽可能加大引发剂用量，提高聚合反应速率，缩短聚合反应时间，提高聚合釜的生产能力。而聚合速率能否提高，首先取决于能否及时地将反应热移出，而传热系数的大小又是能否及时移出反应热的关键，也是聚合釜传热性能好坏的一个重要标志。

传热系数可按下式进行测定：

$$K = \frac{WC_p (t_{出} - t_{进})}{F \left(t_{反} - \dfrac{t_{出} + t_{进}}{2} \right)} \quad (2\text{-}3)$$

式中　W——冷却水用量，kg/h；

　　　C_p——水的比热容，取 4.19kJ/(kg·℃)；

　　　$t_{进}$——冷却水进口水温，℃；

　　　$t_{出}$——冷却水出口水温，℃；

　　　$t_{反}$——聚合反应温度，℃；

　　　F——聚合釜传热面积，m²。

根据式（2-3）测得 W、$t_{出}$、$t_{进}$，通过计算即可求得传热系数 K。

2.9.2.2　影响聚合釜传热系数的因素

聚合釜的传热系数与釜壁（或内冷管）厚度、粘釜物、水垢等的热阻，釜壁（或内冷管）两边流体的给热系数 d_1、d_2 有如下关系式：

$$K = \frac{1}{\dfrac{1}{d_1} + \sum \dfrac{\delta}{\lambda} + \dfrac{1}{d_2}} \quad (2\text{-}4)$$

式中　d_1——釜内物料对釜壁（或内冷管）的给热系数，kJ/(m²·h·℃)；

　　　d_2——釜壁（或内冷管壁）对冷却水的给热系数，kJ/(m²·h·℃)；

　　$\sum \dfrac{\delta}{\lambda}$——热阻；

　　　δ——釜壁（或内冷管）、粘釜物、水垢的厚度，m；

　　　λ——釜壁（或内冷管）、粘釜物、水垢的热导率，kJ/(m·h·℃)。

由式（2-4）可见，影响传热系数的因素很多，诸如：釜壁（或内冷管）的厚度及其材质的导热情况、粘釜程度、水垢等物会影响釜壁（或内冷管）的热阻，釜内搅拌状况、物料黏稠情况等与 d_1 关系极大；而冷却水流速则是影响 d_2 的重要因素。现就我们在实践中所遇到的一些情况介绍如下：

a. 水比的影响　聚合反应热从悬浮物微珠内发出，经过传热介质水的热传导后，将热量传给釜壁（或内冷管壁）。显然，水比降低，导热介质减小对传热的控制是不利的。由于聚合反应过程中，物料体系的黏度不断提高，在搅拌强度不变的情况下，降低水比将会使釜壁液膜增厚，d_1 变小致使热阻变大，传热系数下降。对生产疏松型树脂而言尤为严重。这是因为疏松型树脂的多孔性、吸水性强，使自由流体下降严重。上海天原化工厂曾做过 $30m^3$ 釜的传热试验，生产 XS-5 型树脂，搅拌条件相同，只是水比下降了 0.1，而传热系数在反应 5h 后下降了 36%，说明了水比对传热系数影响的严重性。

b. 搅拌强度的影响　在聚合反应过程中，搅拌关系到聚合物能否良好分散和反应热能否及时移出。搅拌状况的好坏取决于釜型、釜结构、搅拌转速和搅拌叶的形式。搅拌桨叶的径向剪切和轴向循环作用，使物料产生强烈的扰动，这种强烈的搅拌作用，不仅可以使 VCM 均匀地分散成微珠，而且使物料对釜壁（或内冷管壁）产生强烈的冲刷力量，致使釜壁（或内冷管壁）的液膜变薄，从而使 d_1 增大，热阻减小，传热系数增大。天津化工厂曾经做过 $30m^3$ 釜的搅拌试验，在树脂型号相同、投料系数相同、配方相同的情况下，对比了三种不同形式的搅拌对传热系数的影响。结果以六层平桨-推进组合式传热性能最好，釜夹套传热系数均能保持在 $1674.7kJ/(m^2 \cdot h \cdot ℃)$ 左右；五层推进式次之，可达 $1507.2kJ/(m^2 \cdot h \cdot ℃)$ 左右；而文献介绍的一种性能良好的三叶后掠式搅拌叶，由于釜的长径比较大（$H/D=$

2.1)，搅拌效果不太理想，传热系数下降到 1423.5kJ/(m² · h · ℃) 左右。这说明搅拌形式对传热系数影响较大，而不同搅拌形式所表现出来的搅拌效果的好坏又与釜型紧密相关。关于搅拌转速及搅拌叶长度，根据目前的实践，对 13.5m³ 釜，其搅拌叶端点线速 7.5m/s 较为合适。例如，将 30m³ 釜搅拌转速由 134.5r/min 下降至 105r/min，无论是树脂的分散状况还是传热性能全都大大恶化。

c. 冷却水流速的影响　冷却水流速对 d_2 影响甚大。冷却水流速加大，d_2 增大，传热系数大幅度增大。但流速超过一定值后对传热系数影响就不显著了。相反，冷却水系统阻力损失将大幅度增大，其关系见图 2-16 和图 2-17。

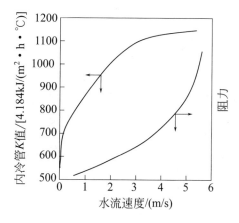

图 2-16　内冷管 K 值，阻力降与水流速度的关系

由图 2-16 和图 2-17 可知，夹套水流速度以 2m/s 左右为宜。而内冷管水流速可取 1.5～2.5m/s。当流速小于 1m/s 时，传热系数显著减小，影响聚合釜的传热性能。而流速过大时，如夹套流速大于 2.5m/s，内冷管流速大于 3m/s 时，传热系数略有增大，阻力降可增大到 0.12～0.2MPa。30m³ 聚合釜，选用 8BA-12 的循环水泵，流量 280m³/h，扬程 29m，夹套和内冷管的水速均在 2.2m/s 左右，是比较适宜的。

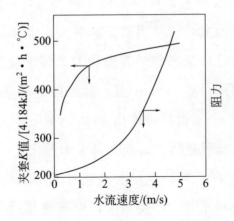

图 2-17　夹套 K 值、阻力降与水流速度的关系

　　d. 粘釜物及水垢的影响　　粘釜物及冷却水的水垢均会增加釜壁的热阻，对釜的传热性能影响很大，见表 2-13 和表 2-14 中。

表 2-13　粘釜物对传热系数的影响

粘釜物厚度/mm	0	0.1	0.2
夹套 $K_夹$/[kJ/(m²·h·℃)]	1881	1421	1150
内冷管 $K_冷$/[kJ/(m²·h·℃)]	4598	2575	1547

注：取粘釜物热导率 $\lambda_粘$＝0.59kJ/(m·h·℃)。

　　从表 2-13 可以看出，粘釜物对 K 值的影响是比较严重的，当粘釜物为 0.1mm 时，可使夹套传热系数下降约 25％，内冷管传热系数下降约 45％。因此，必须采取有效措施防止或减轻粘釜，粘釜物要及时清除。

表 2-14　水垢对传热系数的影响

水垢厚度/mm	0.005	0.1	0.5	1.0
夹套 $K_夹$/[kJ/(m²·h·℃)]	1881	1855	1659	1463
内冷管 $K_冷$/[kJ/(m²·h·℃)]	4598	4431	3453	2717

注：取 $\lambda_垢$＝6.28kJ/(m·h·℃)。

从表 2-14 中可以看出，水垢对传热系数的影响同样很大，当产生 0.1mm 水垢时，传热系数下降 13％左右。水中碳酸盐的沉析温度在 40℃以上较为明显。因此，必须严格控制冷却水出口温度不大于 40℃。北京化二股份有限公司使用的 30m³ 釜，采用大水量低温差的移热工艺，冷却水出口一般不会超过 40℃，但在升温及反应初期过渡阶段冷却水温度高于 40℃，因此聚合冷却水最好采用专用凉水塔，同时对水质进行处理，可以有效地防止水垢的生成。而采用直接水的移热工艺，聚合反应初期出口水温较高，更容易生成水垢，釜的材质为全不锈钢，产生水垢现象不十分明显。

e. 釜壁厚度的影响　釜壁厚度对传热系数也有影响。釜壁越厚，热阻越大，传热系数越小。现将几种不同壁厚的釜的传热系数列于表 2-15。

表 2-15　釜壁厚度对传热系数的影响

复合钢板厚度/mm	19＋3	29＋3	32＋3
夹套 $K_{夹}$/[kJ/(m²·h·℃)]	1881	1855	1659
$K_{变化}$/％	4598	4431	3453

由表 2-15 可见，釜壁的复合钢板的碳钢部分增厚 10mm，对传热系数影响极大。

f. 聚合釜结构的影响　聚合釜的结构，例如，长径比、内冷管直径及排列形式、夹套导流板及其与夹套之间的缝隙的宽度等均对传热系数有影响。釜的长径比又与搅拌形式紧密相关。如前所述，三叶后掠式搅拌叶用于 30m³ 釜，由于长径比较大（$H/D=2.1$），搅拌效果不好，传热性能较差，使夹套传热系数下降到 1423.5kJ/(m²·h·℃)。据资料介绍，此种搅拌形式用于长径比 $H/D=1.2$ 的所谓矮胖釜，搅拌和传热性能都较理想。如日本神钢公司所制的大型搪瓷釜长径比比较小，采用该种搅拌，性能较好。

内冷管直径加大，可使传热面积增大，同时也可提高挡板效应，有利于传热。但 d_1 和 d_2 又有明显的下降，使传热系数降低。现将计算数值列于表 2-16 中。

表 2-16 内冷管管径对传热能力的影响

内冷管管径/mm	d_1/[kJ/(m²·h·℃)]	d_2/[kJ/(m²·h·℃)]	K/[kJ/(m²·h·℃)]	F/m²	KF/[kJ/(h·℃)]
ϕ108	9614	38665	4598	15	68970
ϕ159	7524	3460H	3386	22.5	76185
变化/%			下降 26	增大 50	提高 10

从表 2-16 可见，内冷管径由 ϕ108 增大到 ϕ159，传热系数下降 26%，传热面积增大 50%，传热能力提高 10%。如管径再加粗，传热面积的增大就弥补不了传热系数的下降了，得不偿失。而采用加多内冷管根数的方法来加大传热面积，虽然对传热系数的提高有利，但也会使釜的结构复杂，增加清釜的困难。内冷管的排列方式直接关系到挡板效应的好坏，现行 30m³ 釜内冷管的排列方式是否合适还有待研究。

夹套增设导流板是提高水速、增大传热系数的有效措施，这点已在实践中得到充分的证实。然而加工制造聚合釜时，导流板与夹套壁之间的缝隙不可避免，又会使冷却水泄漏，产生"短路"现象，从而使实际水速下降，致使传热系数降低。据文献报道，当缝隙宽度减小为 2mm 时，其 d_2 下降 38%。由此可见，在聚合釜制造时，尽量使缝隙减小是十分重要的。

2.9.2.3 聚合反应过程中传热系数的变化

聚合反应过程中，传热系数随聚合反应的进行而变化，其变化规律，紧密型树脂和疏松型树脂又不相同，见图 2-18。

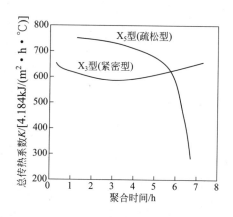

图 2-18　聚合反应过程传热系数变化曲线

由图 2-18 可见，紧密型树脂在聚合过程中，传热系数的变化呈马鞍形，而疏松型树脂在反应后期传热系数有急剧下降的趋势。其原因可作如下分析：

① PVC 树脂在聚合反应过程中，传热系数呈马鞍形变化的原因

在 VC 转化为 PVC 的过程中，单体相粒子的物理形态发生了显著变化。转化率在 10% 以下时，可以认为基本上是以 VC 小液滴形式存在的，当搅拌力打击在传热面上时，由于液体易于分散，而不影响釜壁液膜的厚度和热阻，因此反应初期表现出较高的传热系数。反应后期，转化率高达 70%～90% 时，如果初始水比为 1.1（体积比），由于 VCM 反应时体积的收缩，水比相应增大，可达 1.46（体积比）。因 PVC 树脂孔隙少，树脂吸水率低（离心过滤后，每 100 份干树脂仅残留 10～16 份水），故转化率在 90% 左右时，自由流体与 PVC 粒子的体积比尚在 1.2（体积比）左右，水比仍比初始水比大，体系黏度下降，这是反应后期传热系数升高的原因之一。另外，转化率在 70%～90% 时，PVC 基本上形成刚性小球，在搅拌力作用下，对釜壁液膜冲刷有力，回弹迅速，致使釜壁液膜变薄，热阻降低，这是反应后期传

热系数升高的又一原因。相反，反应中期，转化率在 20%～25% 时，尤其是在 30%～40% 时，有机粒子为 VCM-PVC 的溶胀体系的黏弹体，在搅拌力作用下，对釜壁液膜冲刷无力，回弹力差，粒子在液膜上停留时间长，使液膜变厚，热阻加大，传热系数降低。因而传热系数在反应过程中形成高、低、高的马鞍形的变化规律。而这种变化规律对聚合反应的控制和热量的移出是有利的。

②聚合反应后期传热系数急剧下降的原因　在 VCM 聚合过程中，由于有体积收缩现象的存在，随着反应的进行，水比相对增大。但对疏松型树脂而言，因为其转化率在 70% 以前时，由于表面疏松度和吸水性能还不太厉害，物料黏稠度增高尚不明显，因此能保持一定的传热系数，没有明显的下降趋势。转化率达 70%～80% 以后，由于釜内 VC 蒸气压的迅速下降，在继续聚合和体积收缩的同时，PVC 形成许多孔隙，致使颗粒变得疏松，吸水性强（过滤后含水恒定值在每 100 份干树脂中有 25 份水），而使自由流体骤减，体系黏度升高，从而表现出搅拌电流升高，传热系数急剧下降的现象，使得难以控制。特别是生产 SG-2 型树脂时，由于树脂吸水率高使沉积釜的下部，热量移不出去，造成釜的轴向温差增大，影响树脂质量，难以控制。这就成了疏松型树脂生产的关键问题。然而，生产中一般总是不希望采用增大原始水比的方法用以改善后期传热，因为这样会降低生产能力。当后期，反应不易控制时，常常被迫打入高压水用以紧急降温和降低物料黏度，以使反应继续进行下去。这种紧急措施，实际上对降温的效果并不太大，如打入 1t 常温水只能使釜内平均温度降低 1.3℃左右（在 30m³ 釜是如此），而打水过快，反而会造成分子量过宽，而影响产品的质量。因此打高压水的主要目的不应当是降温，而是增加自由流体，降低体系的黏度，提高传热系数，以便加速传热。所以，加水应当遵循"提前""缓慢"的原则，这样既可以保证反应后期传

热系数不致急降，同时又不致影响产品质量。我国已开始采用从下轴封注水和釜上注水措施，可保证后期反应正常进行，效果较好。如果聚合过程采用中期注水措施，不但可以解决反应后期传热问题，而且还可降低初始水比，提高单釜生产能力，同时提高树脂质量。

2.9.2.4 聚合反应的温度控制

聚合反应温度一般是指聚合反应时所测得的平均温度，由于聚合反应釜的结构是通过夹套的内冷管冷却，或通过釜顶冷凝器来达到换热目的的，所以均以平均温度来表示，但是这就存在一个问题，即不能表示釜内径向和轴向的温差。

聚合釜反应平均温度固然重要，可是釜内的温度也同样重要，由于聚合配方不同、反应速率的不同，尽管我们测得平均温度没有发生改变，可是实际上由于釜内温差产生变化，必然影响到聚氯乙烯分子量分布的变化，由此产生的对各种助剂的影响也发生变化，甚至出现反应物所得黏性的波动。

所以操作者和配方设计者应根据不同釜型的传热情况，合理调整配方，以寻求尽可能小的温差为宜。

2.9.2.5 控制反应速率

由于反应釜是早已设计好的，搅拌的转数和热流体与移出热的夹套、内冷管是通过水为介质间接导出热的，所以这就需要一定的时间，来保障放热反应热的移出，反应速率太快，热不能及时导出，势必增加釜内轴径向的温差。

当这种温差达到某个值的时候，就要影响到聚合反应甚至于出现异常，比如：在有羟丙基甲基纤维素存在的配方时，当局部温度达到其凝胶温度时则有部分纤维素遭到破坏，如同配方中分散剂用量减少一样，有时还出现大颗粒的粒子。

又比如，当部分温差过大的时候，所使用的 PVA 分散剂，所表现的张力则要波动，从而导致所产聚合物的视密度和增塑剂吸收量发生波动和变化。

所以控制反应时间就显得十分必要，一般而言，根据笔者经验，70m³ 聚合釜和 105m³ 聚合釜以不短于 270min 为宜。

2.9.2.6 冷却水温

冷却水温与热负荷、传热系数密切相关，热负荷越高，传热系数越小，则要求冷却水温越低。相反，则可允许使用较高温度的冷却水。生产中，希望能使釜保持较高的传热系数，用较高温度的冷却水，移出较多的反应热。在地下水缺乏的情况下，少用或不用冷冻水，可以降低成本，具有一定的经济意义。

冷却水温与热负荷、传热系数的定量关系可由传热公式导出：

$$Q = KF\Delta t_m \tag{2-5}$$

$$\Delta t_m = t_反 - \frac{(t_出 + t_进)}{2} \tag{2-6}$$

$$Q = WC_p (t_出 - t_进) \tag{2-7}$$

式 (2-6) 中，$C_p = 4.18 \text{kJ}/(\text{kg} \cdot ℃)$。

则

$$t_进 = t_反 - \left(\frac{1}{2W} + \frac{1}{KF}\right)Q \tag{2-8}$$

对于 30m³ 釜，在生产 SG-2 型树脂时，式 (2-8) 为：

$$T_进 = 51 - \left(\frac{1}{5 \times 10^5} + \frac{1}{74K}\right)Q \tag{2-9}$$

式 (2-9) 表明，进口水温与热负荷是线性关系，在水流量一定的情况下，传热系数越小，则要求水温越低，如图 2-19 所示。

式 (2-8) 和图 2-19 说明，在热负荷和传热系数一定的情况下，对冷却水温的要求，或在进口水温和传热系数一定的情况下，对热负荷的要求,给配方的拟定提供了依据,也为反应过程中传热系数变化的分析提供了基础数据,尽量采用工业水,将是今后对传热问题研究的方向。

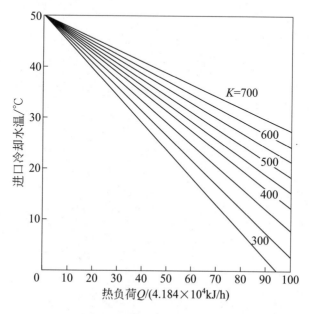

图 2-19　进口水温与热负荷、传热的关系

2.9.3　聚合的换热系统

30m³ 及 105m³ 釜使用的是大水量、低温差强制冷却换热系统,如图 2-20 和图 2-21 所示。

通过对两种换热系统进行比较,30m³ 釜的大水量、低温差的强制换热系统有如下优点:

① 强化了换热能力。由于冷却水流速加大,提高了传热系数,使总传热系数达 2093.4kJ/(m²·h·℃),与一般釜比较,提高了一倍,大大强化了换热能力。

② 反应温度平稳,容易控制。由于冷却水量加大到 250m³/h,使

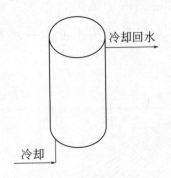

图 2-20　一般换热系统图

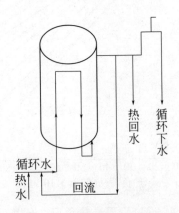

图 2-21　釜换热系统图

冷却水进出口温度差也缩小，一般不大于 4℃，因而反应温度与冷却水进口温度差也缩小，反应平稳，温度波动可控制在±0.2℃，甚至可达±0.1℃。

　　③ 冷却水温度可以提高，节省了冷却水用量。由于冷却水量加大后，冷却水进出口温差缩小，因此，冷却水进口温度可以提高，在一般的情况下，30℃工业水可以满足高峰放热的要求，只有在夏天最热的季节，反应高峰热值过大时才切换低温水。由于冷却水进口温度提高，因此，大量的出口冷却水可以循环使用，只需补充少量的新鲜冷却水，以满足进、出口冷却水温差的要求，因此冷却水用量可以节省。

2.10 聚合釜的粘壁

在氯乙烯悬浮聚合中，聚合釜的粘壁是影响聚合反应及产品质量的十分重要的问题，粘壁物渗入树脂的成品中，使树脂在加工时产生不易塑化的"鱼眼"，降低了产品质量。聚合釜在使用一定的周期后需定期清理。这不仅增加了劳动强度，同时也降低了设备利用率。因此，聚合釜的粘壁物的清理工作，成了聚氯乙烯工业发展的重要难题，同时也是聚合釜的大型化和生产工艺密闭连续化的障碍。

2.10.1 悬浮聚合粘壁的因素

在氯乙烯悬浮聚合中，水为分散剂介质且与釜壁接触。氯乙烯则被分散为油状而被悬浮剂所包围和保护，所以微溶于水的单体或引发剂与釜壁接触的机会远比单体液珠多。单体液珠由于种种原因，冲破外层悬浮剂的保护膜，也可以与釜壁接触。这是液相粘釜的两个主要来源。

在聚合釜的气相，由于气、液处于动平衡状态，液相中挥发的VCM则携带部分引发剂或增长着的自由基，在气相冷凝于釜壁，并聚合。这是气相粘壁的主要原因。

影响聚合釜的原因是多方面的，如：搅拌的形式和转速、釜型和釜壁的材质、釜内壁的粗糙度、物料配比、悬浮剂和引发剂的种类及用量、各物料的纯度、体系 pH 值、聚合反应温度等，可归纳为以下两大因素。

（1）物理因素　由于釜内壁表面不光滑，呈凹凸不平，沉积于凹陷内部的 VCM 与釜壁靠分子间引力而结合，聚合为粘釜物，并以此为中心，进一步进行接枝聚合使粘釜逐渐加重。在聚合反应液体向固体转化呈黏稠态时，一旦颗粒保护膜被撞破，黏稠物则黏着于釜壁。

实践证明，强烈的搅拌和粗糙的釜壁，均会使粘釜加重。这种黏着物一般先呈斑点状而逐步增大，其与釜壁的结合力较弱，也易于清除。

（2）化学因素　任何金属表面总有瞬时电子和空穴的存在，这两者均具有自由基引发聚合的特征，尤其是金属釜壁在外界条件的变化下，金属表面会与单体发生电子得失，而成为自由基，逐渐进行接枝聚合形成粘釜物。这种粘釜物一般先使釜壁失去金属光泽，并逐渐加重。粘釜物与釜壁结合力较大，清除困难。

实际上这两种因素并不孤立存在，它们互相依赖，相互促进，使粘釜现象加重。

2.10.2　减轻粘壁的措施和方法

综上所述，减少水相中溶解的氯乙烯和终止水相中活性自由基的防粘手段，无论从物理角度还是化学角度都是行之有效的。减轻粘釜的办法大致有以下几种：

（1）添加水相阻聚剂减少粘釜方法　聚合反应中加入水相阻聚剂可以终止釜壁上由于电子得失产生的自由基，从而减轻粘釜。国内经常使用的水相阻聚剂有：$NaNO_2$、亚甲基蓝等，由于种种原因，目前大型生产中已很少有厂家使用了。

（2）涂布法　涂布法是将某些极性的有机化合物，涂布在釜壁上，使釜壁"钝化"，防止釜壁上发生电子转移，从而终止活性自由基。另外涂料起到光洁釜壁的作用。这种涂布在釜壁上的薄层物质，形成了一层阻聚剂，根据涂釜化学品的情况，减少粘釜的周期长短不一，有的是一釜一涂布，有的是多釜一涂布，这种方法也是最广泛应用、目前效果最好的一种。

对涂布液有如下要求：

① 要和釜壁牢固结合，耐酸、耐碱。

② 阻聚作用。

③ 不溶于水和氯乙烯，可延长涂布液的使用时间。

2.10.3　涂布法的应用

（1）涂布液的保存　使用的涂釜液化学品均为易氧化化学品，在运输贮存及使用中，均需隔绝空气，即隔绝氧，否则会氧化变质。

（2）涂釜化学品的使用

a. 涂釜化学品的使用是在密闭的条件下，使用带特殊的伸缩与旋转喷头的阀门来进行的。

b. 当聚合出料完毕后，上述阀门开启并伸入釜中旋转。此时使用净水对釜的内壁、釜内构件进行冲洗。如有釜顶冷凝器也应用净水冲洗干净。

c. 冲洗完毕，可将化学品蒸气喷入釜内。（使用蒸气喷涂时，要注意首先排净冷凝水后再用蒸气喷釜）。

d. 为了使涂釜化学品能有效地附着在釜壁，应在喷釜进行中用夹套对聚合釜进行冷却。以使涂釜化学品蒸气能适时地在冷却部位冷凝。

e. 涂釜后即可进行入料操作。

（3）涂釜化学品应用注意事项

a. 使用手动灌装涂釜液，为避免涂釜化学品的氧化应迅速进行操作，减少化学品在空气中暴露的时间。

b. 使用易氧化涂釜化学品，第一次至第十次应把用量加大，以后视釜的状况逐步降低用量。

2.10.4 粘釜物的清洗

当发生粘釜时，需要对聚合釜进行清洗，清洗的方法很多，如：溶剂法、高压水清洗等。

由于氯乙烯密度较大，易于积存在釜的底部，而且是易燃易爆的气体，易使人中毒，故在人工清釜中主要注意的是安全问题。除了釜内 VCM 含量要降到规定指标外，还应遵照高空作业等有关规定执行。

如果采用高压水清洗，应注意的是：釜内长期涂釜，釜壁上会有一层深色的膜，但人们发现深色的膜不粘釜，所以用高压水清洗时，不要把深色的膜清洗掉，只需清洗黏结的这部分，当釜内均变成这层深色膜的时候，釜壁就会达到不粘釜的效果了。

2.11 "鱼眼"的产生和防治方法

聚氯乙烯树脂塑化性能的好坏，直接影响制品的质量，而塑化性能方面的一个重要问题，就是树脂中的"鱼眼"。

所谓"鱼眼"，是指在一定条件下，难于塑化加工的 PVC 颗粒，在制品中呈透明的粒子。

"鱼眼"的存在，对聚氯乙烯各种制品的性能有严重的危害。例如：电缆制品若有"鱼眼"，不仅影响外观，使其表面起疙瘩，更重要的是影响其电性能、热老化性能和低温挠曲性能。"鱼眼"脱落，会引起电击穿事故。电线受热老化，最易在"鱼眼"周围产生，在低温下作用，容易在"鱼眼"处裂开。各种薄膜制品若有"鱼眼"，则会降低制品的抗张强度、伸长率等力学性能。"鱼眼"脱落同样使薄膜穿孔，影响使用价值。

综合上述，在聚合生产中，了解"鱼眼"产生的原因，并尽力防止是提高树脂质量最重要的方面之一。

2.11.1 "鱼眼"产生的原因

"鱼眼"产生的原因很复杂，但就目前所了解大致分如下几方面：

（1）树脂颗粒形态 树脂颗粒形态属于紧密型时，基本上是玻璃状透明粒子，孔隙率低，不易吸收增塑剂，加工时不易塑化，易于成"鱼眼"。反之疏松型树脂，"鱼眼"较少。这种粒子的成因，主要由于采用较大表面张力的分散剂，聚合过程中，易于形成结构紧密的玻璃状粒子。

（2）树脂分子量分布 由于氯乙烯悬浮聚合过程中凝胶效应的影响，以及在单体中存在链转移杂质、反应控制温度不平稳等，使树脂的聚合度不均匀。

聚合过程中，小的颗粒趋于凝聚成较大的颗粒，加之颗粒内部的反应热不易移出，造成颗粒中心温度偏高，分子量较低；大颗粒的表面因水介质的冷却，易生成较高分子量的聚合物，表面分子量过大的树脂，加工时也易于形成"鱼眼"。

在PVC加工中，要求树脂都具有相同的塑化流变性能，并吸收相同量的增塑剂。在缺乏增塑剂的部位，流变温度较高、不均匀，也易于产生"鱼眼"。

（3）树脂粒度分布 由于聚合反应中的种种原因，获得的PVC成品粒度不平均，含有粗、细不一的粒子，在加工时，较大的粒子不易塑化，易于产生"鱼眼"。所以提高PVC树脂颗粒的规整性和粒度分布均匀性，是减少"鱼眼"的一个重要环节。

（4）聚合釜的粘釜物 聚合过程中粘釜物掺入树脂之中，是形成

"鱼眼"的重要原因。因为粘釜物大多是体型结构的交联氯乙烯聚合物，而这种粘釜物难于塑化，所以减少聚合过程的粘釜及粘釜物的及时清除，是减少"鱼眼"的重要措施。

(5) 单体质量　如果单体中含有乙炔、乙醛、1,1-二氯乙烷、1,2-二氯乙烷等杂质，不仅对聚合反应起阻聚作用，而且会产生链转移，造成聚合物分子量低或生成交联物。尤其是单体中铁含量的增加，会导致"鱼眼"增加；反之，单体纯度高、杂质少，则所生成树脂颗粒规整、分子量分布均匀、粘釜较轻。所以提高单体的质量也是减少"鱼眼"的重要手段之一。

(6) 引发剂的种类　聚合过程中，使用不同的引发剂，其半衰期不相同，低效引发剂诱导期长，引发剂效率低，使聚合后期出现自动加速现象，反应速率快，放热集中，产品分子量分布较宽，甚至产生交联的大分子，加工中产生"鱼眼"；高效引发剂，如果加料方式使之在单体中溶解不完全或分散不均匀，也容易产生"鱼眼"。

(7) 加料方法和顺序　加料的方法和顺序，关系到引发剂在单体中溶解得是否完全、分子量是否均一、反应速率等。比如：先加单体与引发剂，后加水的加料工艺，对解决引发剂在单体中的分散起到非常重要的作用，"鱼眼"也相对减少。先加入单体与水，升温至反应温度后加引发剂对解决分子量分布均匀起很大的作用。所以正确的选择加料方式和顺序也是关系到"鱼眼"多少的原因之一。

(8) 其他方面的原因　聚合釜温度控制不严格，温度波动大，会使分子量分布和粒度受到影响，聚合用水量高，树脂颗粒不均，玻璃状粒子增加，聚合釜升温速度的均匀性也会影响树脂的聚合度；搅拌状况的好坏对树脂粒度分布和颗粒形态影响也很大，以及树脂内混入机械杂质等，均会使树脂中"鱼眼"增加。

2.11.2 "鱼眼"的防治方法

由于鱼眼产生的原因在大生产中非常复杂，所以防止其产生也应从多方面进行分析：

① 从 PVC 生产配方中调整，重视品质剂的使用即二次分散剂的用量。

② 减少回收单体中的杂质。

③ 注意反应速率，不应该反应过快，适当调整引发剂的用量和复合配比。

④ 提高原料 VCM 的纯度。

⑤ 聚合釜的粘釜也要千方百计减少，严格控制涂釜化学品的使用量和喷涂工艺。

⑥ 聚合釜出料一定要保持釜干净，不留存 PVC。

⑦ 调整反应产物的分子量及黏数的均一性。

以上所述请参阅有关章节，查找详细原因。

2.12 氯乙烯悬浮聚合产生缺陷结构的因素

聚氯乙烯的加工温度必须在 $180 \sim 200℃$，这就不可避免地会发生热降解和交联等反应，从而使制品变色、性能恶化，所以 PVC 的热不稳定性是树脂的一个非常实际的重要问题。

引起 PVC 不稳定的原因，归结起来主要是工艺过程和加入助剂不当，聚合物中存在缺陷结构，这些缺陷结构在悬浮聚合过程中已经产生，下面分别探讨。

2.12.1 聚合助剂的影响

聚合助剂，包括分散剂、引发剂、聚合反应的添加剂、溶剂等，这些对于树脂的热性能都会产生很大的影响，下面分别进行分析：

（1）引发剂的影响　引发剂对于氯乙烯悬浮聚合反应过程、聚合物的分子结构和质量具有很大的影响。引发剂用量大，聚合反应速率快，聚合时间短。但当用量过大的时候，反应激烈，不易控制，如果反应热不能及时地导出，则聚合温度会急剧上升，甚至有爆炸性聚合的危险。同时对所生成的树脂质量也有严重的影响。

不同种类的引发剂对 PVC 的质量也有不同的影响，例如：过氧化二碳酸二乙基己酯（OPP）是一种高效引发剂，OPP 聚合所得的 PVC 质量也很好，但用量多了，就会使 PVC 的质量明显变坏，见图2-22。

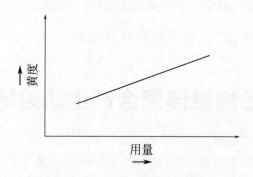

图 2-22　OPP 用量和 PVC（软）着色的关系示意

使用偶氮腈类引发剂时，引发剂分解后的残基含有—CN 会附在大分子的端基上，对 PVC 的热稳定性也有很大影响，在树脂加工的初期易于着色。

引发剂对 PVC 初期着色的影响，与引发剂的水解性能关系很大。

在聚合过程中采用不同引发剂加工成薄膜，然后比较薄膜的初期着色性，得出如下结果，见表 2-17。

表 2-17 PVC 初期着色和所用引发剂水溶性、水解性的关系

引发剂	初期着色性		水解度(质量分数, 20℃)/%	分解率 /%
	55℃,0.05%	58℃,0.03%		
IPP	着色大	浅茶色	0.16	35
OPP	浅茶色	无色	0.04	46
SOP	浅粉红色	无色	0.16	67
IPE	浅粉红色	无色	0.14	—
ABVE	粉红色	粉红色	—	17
B-ND	无色	无色	0.03	80
EEP	浅粉红色	无色	—	98

聚合条件：3L 釜，0.15%（质量分数）PVA 水溶液 120mL，VCM 40g。

表中　IPP 为过氧化二碳酸二异丙酯；

OPP 为过氧化二碳酸二乙基己酯；

SOP 为过氧化二碳酸二(3-甲氧基)乙酯；

IPE 为过氧化二碳酸二(2-异丙氧基)乙酯；

ABVN 为偶氮二异庚腈；

B-NP 为过氧化新癸酸叔丁酯；

EEP 为过氧化二碳酸二(2-乙氧基)乙酯。

由表 2-18 可见，要生产热稳定性能好的 PVC 树脂，在引发剂的选择和用量上是需要认真考虑和优选的。同时使用大量的引发剂去缩短反应时间是不可取的。

表 2-18　聚合引发剂的水溶性和水分解性对 PVC 薄片黄色的影响

引发剂		EEP	MIP	SOP	OPP	IPP
黄度	片厚 5mm	6.9	7.2	7.2	7.4	10.2
	片厚 2mm	3.9	4.02	4.05	4.1	5.5
水分解率/%		98	60	67	46	35
水溶解度(20℃)/%		0.42	0.27	0.16	0.04	0.16

表 2-18 中压片条件：DOP　　　　　　50 份

　　　　　　　　二丁基马来酸锡　1 份

　　　　　　　　硬脂酸　　　　　0.5 份

　　　　　　　　辊温　　　　　　160℃（时间 5min）

　　　　　　　　压制温度　　　　160℃（压力 100kg/m²）

表 2-18 中 MIP 为过氧化二碳酸二(甲氧基)异丙酯。

（2）分散剂和二次分散剂对悬浮聚合产品的影响　分散剂和二次分散剂对 PVC 树脂的颗粒形态、粒度分布、增塑剂的吸收量和吸收速度会产生很大的影响，同时对树脂的热稳定性、白度也有一定的影响。

使用性能优良的分散剂制得的 PVC，颗粒疏松多孔，粒度分布均匀，孔隙的均匀性好。这种树脂易于吸收增塑剂，易于塑化加工，可以缩短加工时间，减少树脂受热的时间，显然对提高树脂的热稳定性是有利的，使加工出的制品在外观、白度、透明度上均有提高。

聚合物的热稳定性还受所吸收分散剂的影响，吸收的分散剂越少，聚合物热变色的程度越小。由于在分散剂一节已有详细的说明，在此不作过多的阐述。

2.12.2　温度对 PVC 热性能的影响

聚合温度对聚合反应速率影响很大。聚合温度升高，氯乙烯分子运动加快，引发剂分解速率也快，链增长的速率也随之加快，促使整个反应速率加快。伴随着激烈的放热，热量不能及时导出，势必增加釜内轴、径向的温差，所生成 PVC 分子量极不均匀，造成控制困难。

这种情况会对树脂的热稳定性产生极为不利的影响，所以要获得热性能好、白度好的树脂，控制聚合反应温度的平稳是一个重要的条件。

干燥过程是悬浮法 PVC 必不可少的工序，干燥过程温度过高，在干燥系统中滞留时间过长，都会损害树脂的热稳定性，严重时会出现树脂变黄甚至粉红色，因此选用较低温度的干燥方法，干燥设备内不留死角是必须注意的，这也是近年来采用大风量、低风温旋风干燥器的原因之一。

2.12.3 单体中杂质的影响

（1）乙炔和丁二烯的影响 悬浮聚合体系中存在微量的乙炔，会影响 PVC 的热稳定性，使产品老化性变差，这可以由下面的反应式看出：

$$\cdots\cdots —CH_2—CHCl—CH_2—CHCl— + HC≡CH \longrightarrow \cdots\cdots —CH_2—CHCl—CH=CH—CH_2—CHCl—$$

$$\cdots\cdots —CH_2—CHCl—CH=CH—CHCl— + R \longrightarrow \cdots\cdots CH_2—CHCl—CH=CH—CH_2—CHCl—R$$

乙炔加成到自由基上，就在 PVC 大分子链上引入了烯链，从而形成不稳定的烯丙基结构。这样就给 PVC 的热稳定性造成极为不利的影响。

单体中含有丁二烯，对 PVC 的热稳定性也有很大的影响，其原因类似于乙炔的情况。

（2）铁离子的影响 铁离子的存在除对聚合反应有影响之外，对树脂的热稳定性和白度影响也很大。铁离子可以在树脂中加快逸出 HCl 的反应，从而生成 $FeCl_3$。而 $FeCl_3$ 是 PVC 脱 HCl 的催化剂，从而促使 PVC 降解。因此在聚合体系中要严格的控制铁离子含量，尽量避免铁离子的影响。

（3）氧的影响　氧的存在对聚合反应和 PVC 的质量均有很大的影响，一般认为：长链自由基和氧反应生成氧化物，使链终止。这种氧化物很不稳定，受热很容易分解断链，形成羰基，使树脂着色。因此，为了减少体系中的氧含量，在加入单体前要抽真空脱氧，把氧含量限制到最低程度。

2.13　聚氯乙烯的热降解及对策

2.13.1　聚氯乙烯的结构与降解机理

VCM 按自由基机理聚合，形成一个规则的头尾结构的聚合物。

$$\mathrm{+CH_2-CHCl+_n}$$

但是由于聚合中各种因素的影响，也会形成头头结构和尾尾结构的聚合物。

$$-\mathrm{CH_2-CHCl-CH_2-CHCl-CHCl-CH_2-CHCl-CHCl-}$$

在链增长阶段，由于自由基向聚合物的转移，也会产生两种支链：

$$
\begin{array}{cc}
-\mathrm{CHCl-CH-CHCl-CH_2-} & -\mathrm{CH_2-CCl-CH_2-CHCl-} \\
\quad | & \quad | \\
\mathrm{CH_2-CHCl} & \mathrm{CH_2-CHCl}
\end{array}
$$

除在 PVC 大分子中有某些由于偶合终止反应而产生的不规则基团之外，终止反应还会产生许多不同结构的端基。当两个增长链自由基由于直接偶合而终止时，所产生的聚合物分子的两端有引发剂的残基，同时在偶合处会产生 α,β-二氯结构。

$$\mathrm{R+CH_2-CHCl+_n CH_2-CH_2\cdot + \cdot CHCl-CH_2-R' \longrightarrow R+CH_2-CHCl+_n CH_2-CHCl-CHCl-CH_2-R'}$$

除了偶合反应作为一种终止方法之外，还有歧化反应，以及链自由基转移单体、聚合物、引发剂、溶剂或在聚合体系中的其他聚合助剂。歧化反应可以表示如下：

$$R—CH_2—CHCl— + R'—CH_2—CHCl \longrightarrow R—CH_2—CH_2—Cl + R'—CH=CH$$

在链转移线上，这两个端基都可以找到。其他的可能端基包括：

—CCl=CH_2

—CH=CH_2

—CHCl—CH_3

—CHCl—CH_2Cl

—CH_2—CH_2Cl

由此可见：工业生产的 PVC 不是规则的首尾排列的单一结构的物质。可以看作是许多不同结构大分子的复杂的混合物，其中既有直链也有支链，分子量的分布也较宽。

PVC 的热降解起始于脱氯化氢反应。脱氯化氢反应从烯丙基氯原子上的位置开始。也可由分子相邻叔氯原子和烯丙基氯原子的位置开始。这两个位置均可看成是活化中心。

$$\cdots\cdots—CH_2—CHCl—CH_2—CHCl—CH_2—CHCl—X—\cdots\cdots \longrightarrow$$

$$\cdots\cdots—CH_2—CHCl—CH_2—CHCl—CH=CH—X—\cdots\cdots$$

式中，X 表示活化基团。

最初放出的 HCl 以及随之在 PVC 链中形成的不饱和双键活化邻近的氢原子。从结构上看，这个氯原子就是一个新的烯丙基氯原子。这样很容易又失去一个氯化氢分子。这个过程会自动重复地继续进行下去。这个过程进行得很快，导致一个多烯的链结构。

$$\cdots\cdots—CH=CH—CH=CH—CH=CH—X—\cdots\cdots$$

研究已经提出离子型和自由基型的机理，以阐述 PVC 大分子链上开始脱氯化氢的连锁反应过程，多数人认为这个理论上的两种说明可能都存在。

PVC受热时，一系列颜色上的变化（无色透明——→浅黄——→黄——→橘黄——→橘红——→红——→褐色）表现了长的共轭多烯链区的特点。PVC甚至于对温和的受热也很敏感。虽然化学方法也能表示出氯化氢的放出，"着色"通常是降解的第一个证据。如果继续加热，物理变化就会发生。开始，聚合物断链，进而导致力学性能和化学性能逐渐变坏，并发生交联，多烯链区的快速氧化也会产生羰基和氢的过氧化物基团。这个基团的形成导致的进一步的物理变化是使样片变得僵硬，不溶解，增塑剂迁移等。颜色加深的现象是PVC热降解的特征。

PVC加工时，氯化氢逸出速度随着时间的增加而增加。

在PVC加工中，放出氯化氢腐蚀加工设备，形成氯化铁等金属氯化物，这些盐在体系中能引起进一步的降解。例如：一个含有多烯链区的聚合物同另一个PVC分子的烷基化反应，这个反应也伴随着放出一个氯化氢分子。所放出的氯化氢又会形成更多的氯化铁，随后这个反应很快成为自加速反应。反应结果是PVC很快失去氯化氢，成了高度交联的化合物。如果交联得很完全就形成一个黑色的网状结构，甚至成为无定形碳。

当然热能不是诱发链降解的唯一能量形式，尚有其他的能源诱发，如：紫外线辐射及高能射线辐射，但就PVC生产厂家来说最重要的是解决PVC的热降解，换句话说，就是延长热降解。

2.13.2 PVC稳定作用的机理

对PVC生产厂家来说，热降解的直观的反映是树脂的老化白度偏低，所以要提高白度，首先要解决PVC热降解的因素，也就是说在PVC中混入一定的稳定剂以提高树脂的耐热性和稳定性。

稳定剂在反应过程中加入起什么作用？为什么会提高树脂的热稳定性呢？这要从作用机理开始谈起。

2.13.2.1　中和氯化氢的作用

用于 PVC 生产的稳定剂大多是弱酸的金属盐。一些无机酸的盐也广泛使用，主要是这些盐类易于和氯化氢反应生成相应的金属氧化物。

$$MX_n + n\,HCl \longrightarrow MCl_n + n\,HX$$

M 指金属离子　　　　　X 指酸根

这种稳定剂，必须能很快地和有效地同氯化氢反应，但是又不能是强碱，自身也要不易分解。能在不同程度上吸收氯化氢的物质还有环氧化合物、胺类、醇类和酚类的金属盐以及硫醇盐。

2.13.2.2　取代不稳定氯

许多高效的稳定剂是用比较稳定的基团取代 PVC 链上的不稳定氯原子，使增长中的链脱氯化氢反应被阻止，达到稳定 PVC 树脂的目的。重金属的羧酸盐和硫醇盐按这样的机理而起稳定作用，通过它们的阴离子基团取代 PVC 链上的活泼氯原子来稳定 PVC。

$$M(O-C-R)_2 + \cdots -C- \cdots \longrightarrow M \begin{matrix} Cl \\ \\ OOCR \end{matrix} + \cdots C- \begin{matrix} Cl \\ \\ OOCR \end{matrix}$$

$$M(SR)_2 + \cdots CHCl-CH=CH \cdots \longrightarrow M \begin{matrix} Cl \\ \\ SR \end{matrix} + -CH-CH=CH- \begin{matrix} \\ SR \end{matrix}$$

稳定剂的作用方式是多样的，例如羧酸盐和硫醇盐既可按上述取代机理反应，也可以吸收树脂中的 HCl，进行中和反应。

由于取代反应的进行，稳定剂本身参加了化学反应，生成重金属氯化物而残留在树脂当中。这些重金属氯化物是有害的，会对 PVC 脱 HCl 起促进作用。所以让重金属氯化物失活是必须的，这在现实中已经实现，那就是加一种助稳定剂，这种助稳定剂可以和反应中生成的重金属氯化物再反应，助稳定剂与重金属羧酸盐（或硫醇盐）一起参加取代反应。

助稳定剂是碱性金属的羧酸盐，如：羧酸钡，由于酸根的重排，使碱土金属羧酸盐同重金属离子重新结合。因此稳定剂被再生，主反应继续下去。以钡、镉月桂酸盐为例：

$$
\underset{\text{OOCR}}{\overset{\text{OOCR}}{\text{Cd}}} + \underset{\text{Cl}}{\overset{}{-\text{CH}-\text{CH}=\text{CH}-}} \longrightarrow \underset{\text{OOCR}}{\overset{}{-\text{CH}-\text{CH}=\text{CH}-}} + \underset{\text{Cl}}{\overset{\text{OOCR}}{\text{Cd}}}
$$

在没有月桂酸钡作助稳定剂的情况下，Cd(OOCR)Cl 理论上应能取代第二个不稳定的氯原子，结果生成一个氯化镉的分子。但它会作为催化剂，促使发生烷基化反应，从而使聚合物性质变差。但有月桂酸钡存在时，就会发生下面的反应：

$$
\underset{\text{Cl}}{\overset{\text{OOCR}}{\text{Cd}}} + \underset{\text{OOCR}^1}{\overset{\text{OOCR}^1}{\text{Ba}}} \longrightarrow \underset{\text{OOCR}^1}{\overset{\text{OOCR}}{\text{Cd}}} + \underset{\text{Cl}}{\overset{\text{OOCR}^1}{\text{Ba}}}
$$

$$
\underset{\text{Cl}}{\overset{\text{OOCR}}{\text{Cd}}} + \underset{\text{Cl}}{\overset{\text{OOCR}^1}{\text{Ba}}} \longrightarrow \underset{\text{OOCR}}{\overset{\text{OOCR}^1}{\text{Cd}}} + \text{BaCl}_2
$$

月桂酸镉在 PVC 加工中一直发挥稳定作用，直到在交换反应中月桂酸钡耗尽为止。

对重金属氯化物反应的助稳定剂还有环氧化合物。

$$
\underset{\text{OOCR}}{\overset{\text{Cl}}{\text{Cd}}} + \underset{\text{O}}{-\text{CH}-\text{CH}-} \longrightarrow \underset{\text{OOCR}}{\overset{\overset{\displaystyle -\text{CH}-\text{CH}-}{\underset{\text{O}\quad\text{Cl}}{|}}}{\text{Cd}}}
$$

如果稳定剂中还有羧酸钡，那还会发生取代：

$$—CH—CH— \quad \quad OOCR^1 \quad\quad OOCR^1 \quad\quad\quad\quad Cl$$

（化学反应式，含Cd、Ba结构）

2.13.2.3　同不饱和基团反应

稳定剂能与 PVC 大分子链上的不饱和基团反应。例如：硫醇盐中和氯化氢后，生成的硫醇能很快地加成到双键上，形成一个硫醚侧基。

$$R—SH + \cdots —CH{=}CH— \cdots \longrightarrow —CH—CH_2—$$
$$\qquad\qquad\qquad\qquad\qquad\qquad\qquad\quad | $$
$$\qquad\qquad\qquad\qquad\qquad\qquad\qquad\ SR$$

有些稳定剂是 1,4 加成的机理加成到共轭双键上，例如，马来酸酯可以直接加成到多烯结构上。

（化学反应式：—CH=CH—CH=CH— + ROOC—CH=CH—COOR → 环状结构）

式中，R 为烷基或金属。

多烯结构的破坏可使树脂颜色重新变浅，因此这样的稳定剂具有改进树脂初期着色的作用。

2.13.2.4　使杂质失活

PVC 稳定剂能中和树脂中的某些杂质或使其失活，如痕量的金属杂质、催化剂的残基等，机理尚不清楚，但常用螯合作用和抗氧化作用解释。

亚膦酸酯是 PVC 加工中使用的一种有效的稳定剂，大多用于控制着色和改进透明性。实践中，亚膦酸酯能够螯合金属氯化物，除了钾、金、银和亚铜的卤化物之外，其他的金属卤化物均能和亚膦酸酯形成配位化合物，主要是由于铅、钡、钙盐在 PVC 加工中的混合料在熔融的 PVC 中溶解度低，使 PVC 的透明性差，亚膦酸酯的加入能显著改进 PVC 的透明性。

亚膦酸酯也可以作为反应型稳定剂在重排反应中取代活泼的氯原子。

$$—CH\!=\!CH—CH— +P(OR)_3 \longrightarrow —CH\!=\!CH—CH—$$
$$\qquad\qquad | \qquad\qquad\qquad\qquad\qquad\qquad\qquad | $$
$$\qquad\qquad Cl \qquad\qquad\qquad\qquad\qquad\qquad O\!=\!P(OR)_2$$

2.13.3 提高 PVC 的热稳定性

了解影响 PVC 树脂热稳定性的因素，热降解的机理，稳定剂作用的机理，就可以采取有针对性的措施来提高 PVC 的热稳定性。

2.13.3.1 改善聚合的条件

在前面已谈到的聚合助剂、聚合温度、杂质等对 PVC 热稳定性影响很大，因此需要严格地把握。

引发剂的种类对树脂的着色有一定的影响，所以要筛选品种，采用质量过硬的引发剂，同时不能为追求高反应速率而加大量的引发剂。

分散剂也要进行选择，生产出的树脂应疏松多孔，孔隙均匀，粒度分布均匀，易于吸收增塑剂，易于塑化加工，有助于提高树脂的热性能，当然选用 PVA 比选用 HPMC 的稳定性好得多。

配方中加入助分散剂以改善树脂的颗粒性状。

釜内的温度要求均匀一致，温差越小，则树脂稳定性越好。

单体纯度是一个重要因素，尽量减少不饱和烃和有机杂质，更要控制 HCl 的含量，一般对 VCM 杂质浓度的要求如下：

$[Fe^{3+}]<1mg/L$ [乙炔]$<2mg/L$

$[HCl]<1mg/L$ [乙烯基乙炔]$<2mg/L$

[丁二烯]$<5mg/L$ [二氯乙烷]$<5mg/L$

[其他乙烯氯化物]$<20mg/L$

聚合用水的质量对 PVC 影响很大，要求用去离子水，pH 值在 6.7～7.8，同时严格控制氯离子和铁离子含量。

要严格控制聚合反应体系中的氧含量，一般采用釜内抽真空，聚合体系内氧含量不大于 5mg/L。

2.13.3.2 预稳定方法

聚合反应体系中添加抗氧化剂、热稳定剂可以提高 PVC 的热稳定性，产品的白度好，透明度也好一些。

添加热稳定剂的方法有两种，一种是在聚合前加到聚合体系当中；另一种是在聚合后加到聚合的悬浮液中。采取哪种方法，取决于所加入热稳定剂对聚合反应的影响及要达到的综合效果。

例如：稳定剂是否对聚合反应有阻聚作用，如无太大影响，可以在加分散剂等聚合助剂时一起加入聚合釜内。但是要注意，几乎所有的热稳定剂均有一定的阻聚作用，一点不阻聚的稳定剂其效果也差。当然也可以考虑在聚合反应后期再将稳定剂加入聚合釜。但是这种方法比先期加入效果差一些，因为先期加入还有减少釜中歧化、支链、双键的作用，而后期加入解决不了反应中产生的缺陷结构。

上述说的热稳定剂都是没有单体活性的，不会和 VCM 共聚。还有一种稳定剂是有单体活性的，可以和 VCM 共聚，可以起到内稳定作用，例如丙烯酸酯。

2.14 聚合反应助剂

2.14.1 影响氯乙烯热性能的因素

聚氯乙烯树脂或制品在受热的作用时，化学链断裂引起热降解，是 PVC 降解的重要原因,这是因为 PVC 树脂的最终加工一般都是热加工,这种热降解是避免不了的。

PVC 对热尤为敏感,在 $100\sim120℃$ 时就开始分解放出 HCl,同时出现变色,反应式可表示为:

$$—CH_2—CHCl(CH_2—CHCl)_n CH_2—CHCl— \xrightarrow{加热}$$

$$—CH_2—CHCl\text{-}CH=CH\text{-}_n CH_2—CHCl—+n HCl$$

聚氯乙烯的加工温度必须在 $180\sim200℃$,不可避免会发生降解和交联等反应,使制品变色,性能恶化,所以聚氯乙烯的热不稳定性是一个非常突出并且非常实际的问题。

造成聚氯乙烯热不稳定的原因,主要是聚合物中存在缺陷结构,这些缺陷的结构在聚合过程中就已产生。

(1) 单体纯度的影响　单体中含乙烯基、乙炔、丁二烯、乙醛等杂质,具有阻聚作用,产生低分子量聚合物或双键、羰基等缺陷结构,如:

$$—CH_2—\underset{\underset{Cl}{|}}{CH}—+—CH=CH— \longrightarrow —CH_2—\underset{\underset{Cl}{|}}{CH}—CH=CH—$$

这些缺陷结构影响产品热稳定性,所以必须提高单体质量和纯度,严格控制杂质的含量。

(2) 氧的影响　氧不仅具有阻聚作用,导致低分子聚合物的形成,而且会使聚合物分子中含有不稳定的过氧基和羰基、双键等缺陷结构,对热稳定性产生影响,所以聚合体系及聚合用水应严格脱氧。

(3) 铁的影响　PVC 分解时放出的 HCl,会与杂质铁生成 $FeCl_3$,它是较强的路易斯酸,是较强的催化剂,使 PVC 分子产生交联的同时脱 HCl,脱出的 HCl 又进一步催化脱 HCl。因此铁含量要严格控制。

(4) 引发剂的影响　不同的引发剂所制得的树脂其稳定性不同,除了引发剂构成的端基不同外,残留的未分解的引发剂可能引起热降解是更为重要的因素，这要通过碱处理水洗除掉。引发剂的水解率，成为影响热稳定性的重要原因。不同引发剂的不同水解率对 PVC 树脂热稳定性的影响，见表 2-19。

表 2-19 引发剂水解率对树脂热稳定性的影响

引发剂	水解率/%	薄片黄度
EHP	46	7.4
ABVN	17	
IPP	75	10.2

因此选用水解率大的引发剂，或活性高的引发剂，有利于减少聚合物中的残留量，有利于热稳定性的提高。

（5）分散剂的影响　分散剂对热稳定性的影响有两方面：①使用性能良好的分散剂制得的聚氯乙烯树脂粒度分布均匀，颗粒疏松多孔，易于塑化加工，因此可以缩短辊塑时间，大大减轻降解的发生；②性能良好的分散剂，聚合中用量少，树脂中残留少，热稳定性也好。

（6）聚合温度的影响　聚合温度由型号而定，不能选择，但是聚合釜内局部温差过高，分子量分布过宽，低分子量部分含双键等结构，热稳定性会相应变差。汽提、干燥的温度也要严格控制，否则，温度过高，滞留时间过长，也会使 PVC 脱 HCl，加工之前就会有较多的双键，开始变色。

（7）转化率的影响　在聚合转化率较高时，单体已经不足，聚合物大大增加，链自由基向聚合物大分子链转移的机会也增加，造成歧化度增加，分子量分布加宽，稳定性变差。

为了提高树脂的热性能，在聚合釜中压力下降以后，就应立即加入终止剂，使聚合反应停止或出料。

2.14.2　聚氯乙烯树脂稳定性改善方法

如何改进 PVC 热稳定性，一直是 PVC 生产厂家关心的问题。方法有两种：

（1）改进聚合工艺条件　采取合理的工艺条件，可以改善 PVC 的热稳定性，包括控制单体杂质含量和原料纯度、脱除聚合体系的氧、选择适当的引发剂、降低引发剂最终在树脂中的残留量。选择良好的分散剂，降低分散剂的用量，生产疏松多孔的易于塑化加工的树脂。控制适当的转化率，严格控制汽提、干燥温度和滞留时间。

（2）添加热稳定助剂　主要目的是延缓和终止降解反应。

① 中和放出的氯化氢　氯化氢对聚氯乙烯降解有催化作用，添加弱碱性的有机酸或无机酸盐，很容易和氯化氢反应生成相应的金属盐：

$$MX_n + nHCl \longrightarrow MCl_n + nHX \qquad (\text{M 为金属原子，} X_n \text{ 为酸根})$$

环氧化物、胺类、金属醇盐、酚盐、硫醇盐稳定剂均有吸收氯化氢的作用。经常使用的是有机锡稳定剂。

② 取代不稳定氯原子　不稳定氯原子是 PVC 降解的主要的引发点，需要通过稳定剂分子中的稳定基团，迅速地取代聚合物中的不稳定氯原子，从而起到热稳定作用。如镉、锌皂类的稳定剂，除中和氯化氢之外，主要是取代不稳定氯原子。

但是这类稳定剂初期效果好，长期稳定效果差，主要是因为取代不稳定氯以后，本身大量消耗，形成重金属的氯化物，这种氯化物积累到一定的程度后，失去了稳定能力，并催化分子间脱氧化氢，有交联反应。

$C_7 \sim C_9$ 酸锌属于此类稳定剂。

③ 抗氧化　PVC 热降解是按自由基机理进行的，从而形成过氧化氢物 ROOH、ROO—、RO—等自由基，因此，有效的抗氧化剂能捕捉这种自由基，或使活泼的自由基变成低活性自由基，如下式：

$$R—+R''Sn(OCOR')_2 \longrightarrow R—R''Sn(OCOR')_2$$

双酚 A 属于此类稳定剂。这类稳定剂除对 PVC 树脂有如上的作用外，对加工助剂也有一定的稳定作用。

在实际生产应用中，采用三种复合添加剂稳定体系，这样能使树脂的热稳定性有较大幅度的提高，起到多方面的稳定作用，适应不同的加工方法、加工温度的需要。经过试验其稳定结果见图 2-23。图 2-23 为 C_{102}、$C_7 \sim C_9$ 酸锌对树脂白度的影响。单一添加 C_{102} 和 $C_7 \sim C_9$ 酸锌与复合添加对 PVC 树脂热分解温度的影响见图 2-24。

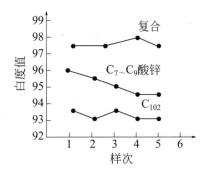

图 2-23 双酚 A、C_{102}

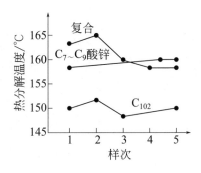

图 2-24 添加 $C_7 \sim C_9$

通过图 2-23、图 2-24 可知，$C_7 \sim C_9$ 酸锌对树脂白度、热变色时间、热老化时间、热分解温度有较大提高。双酚 A 能明显改善加工时的热老化性能。有机锡 C_{102} 单独使用效果较差，但是在与 $C_7 \sim C_9$ 酸锌复合使用时有明显的协同效应，这一点是单一添加助剂无法做到的。

3

悬浮聚合工艺

3.1 聚合反应的工艺流程

3.1.1 30m³聚合釜生产工艺流程叙述

工业水打入热水贮槽中，经蒸汽升温至 90～95℃，由热水泵打至聚合釜内冷管及夹套中供聚合釜升温用。

分散剂在配制槽溶解后，在贮槽中贮存，经分散剂打料循环泵压至分散剂称重罐中，供聚合釜入料用。

引发剂在配制槽溶好后，在引发剂贮槽中贮存，经引发剂打料循环泵压至引发剂称重罐中，供聚合釜入料用。

来自氧氯化或气柜的单体，经过滤器，压至氯乙烯计量槽，计量后供聚合釜使用。

当以上原料准备齐后，即可向聚合釜入料，软水由大软水泵打至聚合助剂小罐，将聚合助剂和软水一起打入釜中。

升温时启动热水泵和循环水泵供热水给聚合釜内冷管和夹套，升温结束、正常反应开始后停热水泵，并由循环水泵供冷却水，保持反应正常进行，热水、冷却水自动切换。

聚合反应结束，釜内悬浮液排出至回收槽，出料时排出的氯乙烯气体经泡沫捕集器送至气柜。在回收槽中升温维持。浆料经浆料过滤器，由浆料泵送至汽提塔。

蒸汽经过滤器，至汽提塔。

塔顶排出的氯乙烯气体经塔顶冷凝器、冷凝水槽、水环真空泵、气水分离器，排至氯乙烯气柜。

脱氯乙烯后的浆料，经浆料泵、螺旋板换热器，进入混料槽，空气经压缩机、空气贮槽至混料槽吹风。

混合处理好的物料，经浆料过滤器、离心机加料泵进入离心机，离心后的物料经一级搅龙、二级搅龙送至气流干燥管。

离心机水洗用水来自塔顶冷凝器、冷却水。

空气经过滤间、鼓风机、散热器进行加热，热风将物料经干燥管干燥后，送到旋风床，收集的物料再经一次旋风分离器至电磁振动筛，进入仓泵。湿空气经二旋，经抽风机分离放空。

来自无油压缩机、空气罐的压缩空气将过筛后的树脂从仓泵输送至大料仓，经包装机称量、包装封口，经皮带输送机送至库房码垛。

3.1.2 105m³聚合釜生产系统工艺流程叙述

8万吨聚合入料采用正加料方式，先加软水后加单体，入水的同时加入各种助剂，以下按顺序叙述。

从界区外供给的软水经过滤器存入软水槽，然后通过软水泵喷射器按要求加入釜中。分别存贮于贮罐中的引发剂 E、引发剂 D、引发剂 C 分别通过泵、称量罐，在加水程序的适当时间点注入加水管线入至釜中。分别存贮于贮罐中的分散剂 B、引发剂 B、分散剂 A 分别通过加料泵、过滤器注入加水管线入至釜中。

来自单体分离罐的回收单体，存贮于槽中，经泵、过滤器加入釜中。来自氧氯化的新鲜单体存贮于槽中，经泵加入釜中，至此入料全部结束。

聚合釜升温过程中，蒸汽经水流混合器注入到由循环水泵提供的循环水中，用于升高釜温。

聚合反应过程中的注水，由泵打出，经一球形喷头注入冷凝器顶部。

聚合反应过程中的注水，由泵经一球形喷头注入冷凝器顶部。

如果聚合反应过程中，反应失控，此时需启动紧急终止剂系统，紧急终止剂用高压氮气加入釜中。如果聚合反应正常结束，这时需加入终止剂终止反应，终止剂经配制槽、加料槽由泵加入至釜中。

聚合反应结束后，釜内悬浮液靠其自身压力，并在过滤器、出料泵协助下泄入到卸料槽中，然后经过滤器泵传送至汽提塔供料罐中。出料时大部分未反应的单体从浆料中蒸发出来并排入高压回收压缩机进行回收，冷凝下来的蒸气进入废水槽中。

入料之前还需进行涂釜，涂釜液经贮槽、计量泵将涂釜液均匀喷涂于釜内、冷凝器顶部、过渡件上。

泄料槽排气后，浆料中仍含有一部分VCM单体，这部分单体必须通过汽提去除。浆料从供料罐中，靠泵泵入汽提塔，在进入汽提塔的过程中，经过滤器、螺旋板换热器预热进入汽提塔。经汽提后的浆料经泵、由换热器冷却进入浆料贮罐。从塔顶出来的蒸气通过壳管式冷凝器至氯乙烯低压回收系统，冷凝下来的蒸气进入废水槽中。

反应釜出料以及汽提需要时还需使用消泡剂以减少携带量。存贮于贮罐中的消泡剂，经泵泵入到泄料槽和汽提塔中，不使用时通过泵不断循环以防止分层。

压缩机出来的氯乙烯气体与大部分水蒸气在冷凝器中冷却和冷凝，冷凝下来的氯乙烯液体与未冷凝的气体进入下一冷凝器中，然后未冷凝的氯乙烯和惰性气体经少量未冷凝的氯乙烯气体与惰性气体由顶部去往气柜。为防止液态氯乙烯在回收系统内聚合，需要注入抑制剂，抑制剂由贮槽经泵注入排气管。碱液存贮于贮罐，由泵连续加入压缩机工作水系统。

所有受 VCM 污染的工艺水都要经过汽提，废水由废水槽经泵、过滤器、冷凝器进入预热后的废水汽提塔，汽提后的氯乙烯气体及引进水蒸气流经冷凝器进入低压氯乙烯压缩机，经汽提后的废水从废水汽提塔经冷凝器冷凝排入地沟。

当反应釜开盖时，需要使用抽真空系统，使用前现场操作人员检查各阀门和管线是否在正确位置，然后启动真空泵，经真空泵冷却器、真空泵分离罐将氯乙烯/惰性气体抽至回收系统，直到具备进釜操作要求。

3.2 聚氯乙烯树脂的浆料汽提

3.2.1 未反应 VCM 的回收

3.2.1.1 未反应 VCM 回收的意义

虽然在 20 世纪 30 年代末就已经实现了 PVC 的工业化生产，但 VCM 对人体的毒害问题，直至 20 世纪 70 年代初期尚未被人们认识。美国在 1972 年以前，规定环境空气中 VCM 允许浓度为 500mg/L。1974 年美国首先发现 VCM 致癌后，此问题才引起世界各国的普遍重视。世界各国对 PVC 生产环境中的 VCM 浓度及 PVC 制品中允许残留 VCM 数值都颁布了新标准。

我国在尚未开发卫生级树脂之前，于 1980 年由原国家标准总局、化学工业部、轻工业部、卫生部共同制定的食品用塑料制品及原料卫生管理办法中，规定国产 PVC 树脂不得用于制备食品容器、生活管道、运输带等直接接触食品包装及儿童玩具等。

对 PVC 生产环境中的 VCM 浓度，我国规定为小于 $30mg/m^2$（$10.7mg/L$）。

鉴于 PVC 在世界上和我国都是合成树脂的大品种之一，产量非常大，生产过程也很复杂，VCM 的外泄漏存在于生产中。PVC 聚合部分更是间断操作，出料、清釜、脱水、干燥等过程，均会有大量 VCM 散逸于大气中。所得 PVC 成品及塑料制品也有少量 VCM 残留，在加工和使用中会逸出，影响环境，造成公害。综上所述国家会出台相关规定是理所当然的。

所以回收未反应的 VCM 气，成了 PVC 生产的一个必然环节，这不仅关系到操作工人的身体健康、良好的工作环境和生活环境，也是降低 PVC 生产成本、提高产品质量、扩大 PVC 树脂应用领域的重要途径。

3.2.1.2 聚合后浆料处理和 VCM 回收

氯乙烯经过聚合变成聚氯乙烯，这种转化不是十分完全的，转化率只达 70%～90%，这样未反应的 VCM 约有 10%～30% 尚未转化。另外由于种种原因，不可避免地在产品中存在着分子量大小不同的聚合物。

回收，即指提高聚合反应后 PVC 悬浮液的温度，破坏部分低分子物，挥发未反应的大量的 VCM。

这种回收，只是为汽提工艺创造有利条件，即尽可能多地去除浆料中 VCM，尽可能多地破坏低分子物。但是由于这种回收其装置只是在普通搅拌槽内完成，传质是不完全的，再加上时间不宜很长，温度不宜过高，所以只能是初步的回收。

回收的方法是升温和维持较高温度一定的时间，升温的温度和维持的时间是相辅相成的，如果温度过高，超过树脂耐热性所允许，则树脂外观颜色发粉，白度下降，必须视树脂本身耐热性能而定，一般温度在 75～90℃，维持时间也要根据温度的高低而定，回收温度高，则适于缩短维持时间，如果处理温度低，则可适当延长维持时间，但是处理时间太长，对装置生产能力会产生一定影响，故维持时间也不易太长，一般在 30～40min。

3.2.2　聚氯乙烯树脂中残留 VCM 回收机理

悬浮法聚氯乙烯聚合一般达到一定的转化率时，即停止反应，一般的回收方法，是在聚合釜内或出料槽中升温到 60～75℃，采用常压或减压加热的简易汽提法，此种方法由于温度低、时间短、设备传质效率差，处理后 PVC 浆料中仍含有几百至几万毫克每升的残留 VCM，直至干燥后的 PVC 中 VCM 仍有几十至几千毫克每升。为什么这种简单的汽提方法不易把 PVC 树脂中残留的 VCM 脱析干净呢？脱析的速率决定于什么呢？下面通过分析得到结论。

3.2.2.1　PVC 树脂中残留 VCM 的脱析机理

由于 VCM 是一种极易挥发的物质，所以 VCM 从树脂颗粒内部脱析是通过解析与扩散两种形式进行的。

一般认为 VCM 从树脂颗粒内部通过解析作用脱析出来，这一过程是在 VCM 浓度较高情况下发生。在低浓度下这种脱析属于扩散的作用。

解析与扩散这两种形式，不可能截然分开，只能随着脱析条件的变化而互为主次。这个过程是物理过程。

3.2.2.2 PVC树脂浆料汽提机理

PVC树脂浆料是指反应后的，包括残留VCM、PVC固体、水这三相的悬浮液。

在气、固、液这三相存在的浆料中，VCM在其中的分配比例（近似的质量比）为1：1000：100，所以浆料中的近似分配比例就决定了浆料本身存在扩散浓度的梯度和脱析动力。

其脱析的过程分为三个阶段：第一阶段是固体PVC中的VCM的较快挥发阶段，在这一阶段中其VCM含量大约由18%降到2%～4%，换句话说，大约85%的未反应VCM在这一阶段脱除，这一阶段在降压和出料后的升温过程可以完成。

第二阶段为升温后恒温20分钟左右的时间，这段时间内大约可以由18000mg/L降低至7000～8000mg/L左右。以下脱析为第三阶段，如何从第二阶段开始将约15%未反应的单体从PVC颗粒内扩散出来，掌握最优的温度、压力（真空度）、时间与扩散之间的关系就成了聚合浆料中未反应VCM回收技术的关键。

PVC浆料中，固体PVC中的VCM无论通过解析或扩散，首先VCM要经过PVC颗粒中的孔隙，穿过PVC皮膜层向VCM低浓度的H_2O中扩散，而VCM在水中的溶解度随温度的变化而变化，其参考值见表3-1。

表3-1　VCM在水中的溶解系数 α

温度/℃	0.1	20	35	60	100
α（VCM容积/水容积）	2	1	0.5	0.1	0

当水在不同温度下，达到最大溶解度时，由PVC固态中扩散出的VCM，不会在水中溶解，而会冲破水液层的静压阻力，扩散到气相。

所以扩散到气相的 VCM，要有足够的克服阻力的动力，这些动力来自于外界的蒸汽所给予的热能。

扩散在气相的 VCM，则逐步加大其在气相的 VCM 分压，直至增大到与 VCM 扩散动力相平衡，而扩散终止。不断地降低气相中 VCM 分压，则是保证扩散不断进行的必要条件。

总之，VCM 从 PVC 颗粒中的脱析要具备如下的条件，即：不断地降低浆料气相中 VCM 的蒸气分压；降低浆料的液层高度，减少水相静压阻力；降低 VCM 在水中的溶解度；树脂颗粒应具有均匀多孔和薄皮层的结构。

3.2.3　浆料汽提的方法

（1）连续塔式汽提法　此种方法是用筛板塔处理 PVC 悬浮液，把 PVC 悬浮液预热到 70～100℃，送至塔顶，料液经多孔板的孔向下流动，与塔底通入的水蒸气逆流接触，树脂内残留的 VCM 被脱析并由蒸汽带出。

（2）低压内蒸汽提法　此种办法是待聚合反应结束后，利用釜本身压力回收 VCM 至常压。在釜搅拌的情况下通入蒸汽升温到 70～100℃，压力维持在 53.2～1333.2kPa，时间为 1～120min，此时树脂中残留的 VCM 可降低到 200～1000mg/L，处理过的浆料用泵打入闪蒸槽进一步脱除 VCM，压力控制在 0～79.8kPa。

这种方法装置简单，操作连续，处理后的产品中残留 VCM 低，但降低了单釜的产量。

（3）搅拌式汽提装置　此方法是采用卧式搅拌装置，汽提离心后的滤饼中残留的 VCM，此装置是使用热水在外夹套内加热，温度控制在 65～85℃左右，压力控制在该温度下饱和蒸气压时的 1～1.6 倍，滤饼在设备中停留时间 5～20min。

此种方法是利用滤饼中 15%～27% 的含水，经汽化带出 VCM，所耗用的蒸汽比处理浆料液少，热销率相对较高，但设备清洗不净，残留树脂将影响产品质量。

（4）蒸汽混合-降压喷射装置　此方法是间歇式连续汽提悬浮液中 VCM，即将聚合釜的浆料与蒸汽混合，使混合物从微细粒滴喷入浆料槽或容器，该容器温度维持在 80～85℃，压力控制在比容器温度高 2℃ 条件下的饱和蒸气压范围内，并使浆料沿容器壁面流下。

由于蒸汽在即将进入容器的管道中混合，因此浆料经受高温的时间短，产品的热稳定性不受影响，这种方法脱除 VCM 速率明显，但此法能源利用率低。

（5）其他汽提方法及各方法比较　除以上介绍的汽提方法以外，尚有微孔板汽提、振动汽提、助剂汽提等方法。

要综合评价汽提方法的好坏是比较困难的，这是因为要考核汽提方法的诸如：连续性、汽提效率、汽提效果、生产规模和弹性、动力和蒸汽消耗、设备装置投资等多方面因素。

塔式汽提方法，因为具有生产连续性、效率高、弹性大、效果好的优点，而且在塔式汽提工艺中又不断吸收了其他方法的优点，日趋完善，所以，尽管目前塔式汽提法投资较高，但仍普遍受到欢迎，并且汽提方法也以塔式汽提为主要发展趋势。

3.2.4　影响塔式汽提的因素

3.2.4.1　温度的影响

温度是影响塔式汽提的至关重要的因素，这是因为脱析的温度对残留 VCM 的脱析速率及树脂中的残存量影响非常大，如果将某树脂在实验室条件下（VCM 起始浓度 47000mg/L）脱析 15min 后，不同温度下 VCM 残留量如图 3-1 所示。

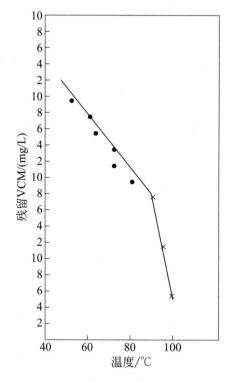

图 3-1 温度对 VCM 残留量的影响

由图 3-1 看出，当温度超过 95℃时，脱析速率发生突变，VCM 残留量较低，这是因为当汽提温度接近水沸点时，这实际上对 VCM 的脱析起着蒸汽蒸馏作用，为 VCM 沸腾脱析提供了条件。在颗粒表面的 VCM 迅速脱析后，又为树脂颗粒内部 VCM 的扩散提供了有利条件。

温度的变化，会使水相和固相中 VCM 的溶解度发生变化。其参考数值见表 3-1、表 3-2。

表 3-2　VCM 在 PVC-水分散液中（PVC 含固量 33%）的溶解系数 β

温度/℃	6	18	26	54	74
β（VCM 容积/水容积）	5	3	2	1	0.6

由表 3-1、表 3-2 可以看出，VCM 在水中，PVC 悬浮浆料中的溶解度均随温度的升高而降低。

综合上述，因为温度对汽提如此重要，所以在汽提进行中无论塔顶与塔底温度，均不应低于 95℃，并且以塔顶温度在 95℃以上为主要控制温度的指标。在考虑到蒸汽消耗定额和树脂热性能及特定塔的流量诸因素后平衡确定。

3.2.4.2　树脂颗粒形态的影响

在氯乙烯悬浮聚合反应中，由于吸附在悬浮反应粒滴表面的分散剂与氯乙烯发生接枝共聚合反应，使得介质中的分散剂很快地几乎全部被吸附在界面形成既不溶于水也不溶于 PVC 溶剂的树脂颗粒皮膜。

皮膜组织中存在着一定量的亲水基因，当皮膜与水分机械地相互结合后，相当于在树脂颗粒表面有一层厚、韧、牢固潮湿的纤维织物包皮，这对残留 VCM 向外扩散与蒸发必将产生较大的阻力。而且这种阻力随着皮膜厚度、韧性、强度、湿度增大和皮膜覆盖表面的连续性状况的增强而增大。

悬浮聚合 PVC 树脂颗粒内部由于二次粒子的无规则堆砌，具有一定孔隙率。通常树脂颗粒的疏松程度越高，内部孔隙率越大，颗粒规整性越好，粒径及其密闭的分布越均匀集中，玻璃粒子越少，则有利于残留 VCM 脱析速率的提高，反之则降低。

另外在较高温度下聚合，所得到的聚合度较低的树脂颗粒，被单体溶胀的一次与二次粒子由于受到热塑化作用的影响，使颗粒内部孔隙率减小，颗粒形态结构紧密，甚至因热塑化作用而形成玻璃珠粒子，残留 VCM 的脱析速率会明显地降低。

二次粒子本身粒径及结构特性也直接地影响到 VCM 的脱析速率。

为此，如何努力提高和改善树脂的孔隙率、孔隙的均匀性，降低皮膜厚度，及改善较高反应温度下低聚合度树脂的结构，对提高汽提脱析速率也是非常重要的，这些内容可参阅聚合分散剂及助剂、成粒机理等章节。

3.2.4.3 气通量的影响

汽提脱析易挥发有机化合物可以用蒸汽也可用其他气体。

其脱析的速率是随气通量的增加而提高，这主要是因为对残留易挥发物质的蒸汽蒸馏作用，即靠通入气体的蒸气分压的增加而帮助挥发有机物的沸腾。

当树脂颗粒表面 VCM 因沸腾作用而脱析，进一步又为树脂颗粒内部 VCM 向外扩散提供了条件；由于气体的泡核作用增加了液相与气相的接触面积，即增加了 VCM 从液相进入气相的界面面积。

根据这一要求，塔式气体装置通入蒸汽的目的，除保持悬浮液的温度外，尚有降低气相的 VCM 分压，使 VCM 易于挥发至气相，也具有增大挥发面积的作用。正因为如此，汽提的气通量应视汽提塔顶的真空度与对应的悬沸液沸腾温度而定，且略高一些为宜。否则气通量增大，则降低浆液孔速和降液量，增加消耗定额。当然，采用高压气汽提也是不利的，因为高压气使塔底温度升高，而气通量减少，故汽提用蒸汽以 0.5mPa 为佳。

3.2.4.4 塔内压力的影响

由于残留 VCM 的脱析机理，同时存在着沸腾和扩散两种形式。各种化合物的沸腾过程的条件，就是其本身产生的蒸气压大于外界压力。一般蒸气压均随温度的升高而增加，因此可以采取抽真空降低体系压力，达到降低悬浮液沸点的目的，这有利于 VCM 的脱析。

当汽提温度不变的条件下，真空度越高，残留 VCM 的脱析速率越快，如图 3-2 所示。

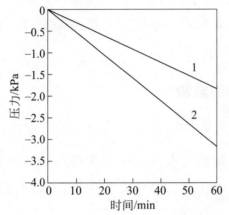

图 3-2 压力对残留 VCM 脱析速率的影响

图示条件

温度：85℃

压力：1—常压；2—400mmHg（53.2kPa）的真空度

由图 3-2 可以看出，在给定温度的条件下，外界压力的降低，可以较有成效地提高残留 VCM 的脱析速率。

但是在汽提塔控制中一般不采取提高真空度的方法：这是因为汽提的效果提高，在特定筛板塔中，处理能力也将随真空度的提高而降低。塔顶气中的蒸气量随之增加，相应增加了塔顶冷凝器的负荷。所以一般真空度稳定在 0.02MPa 或更高为宜。

3.2.4.5 塔层泡沫的影响

在汽提塔的汽提过程中，筛板板层上有一层料层，汽提中气体的挥发会产生泡沫，这是因为在浆料液体中，残留了部分的分散剂，这些分散剂都具有一定的表面张力，这样在浆料液表面的这层泡沫，对 VCM 从液相中挥发出来，将起很大的阻碍作用。

所以在进塔的浆料中，均应加消泡剂，以消除产生的泡沫，利于 VCM 的挥发。

3.3 干燥工艺流程

经空气过滤器过滤后的冷空气，由送风机送至散热器加热后进入气流干燥管。

来自汽提的聚氯乙烯料进入浆料槽，浆料过滤器过滤后的聚氯乙烯浆料，一部分由浆料泵送至离心机进行脱水，另一部分浆料经回流管至浆料槽内，脱水后的聚氯乙烯饼通过料斗进入螺旋输送机被送入气流干燥管中。

离心机的母液靠落差流入母液槽中，母液泵将母液送入旋风干燥床夹套利用其余热，夹套回水送至厂循环水系统。

为控制母液水的 pH 值，设置了碱罐和碱泵及其联锁系统，当送出的母液水偏酸时，碱泵自动向浆料槽补碱使送出的母液 pH 值在 6～8 范围之内。

在高温、高速的气流作用下，聚氯乙烯树脂颗粒的表面水分急速汽化，其颗粒随着湿热气流以较大的速率沿切线方向进入旋风干燥床。聚氯乙烯树脂在旋风干燥床中，相对于热空气进行降速干燥，使树脂颗粒内部水分不断向表面扩散，并被热空气带出，从而达到干燥的目的。

干燥后的聚氯乙烯树脂随热空气一起进入一次旋风分离器进行气、固分离，绝大部分树脂被分离出来，而少量的细颗粒与热气流一起进入二次旋风分离器，被分离出来，湿热空气由抽风机排至大气。

被分离出来的聚氯乙烯树脂，靠落差经下料管进入第一振动筛进行过筛。筛余物进入第二振动筛继续过筛，过筛后的树脂进入仓泵，并被密相输送至包装料仓。料仓中的空气被除尘机抽出排入大气。

冲洗水泵供离心机冲洗水、冲洗槽轴封注水、浆料泵轴封注水、离心机油泵冷却水及浆料管线系统的冲洗使用。

高压水泵供所有浆料管线冲洗使用。

3.4 聚氯乙烯树脂的脱水

悬浮聚合得到的PVC，是含PVC 35%左右的浆料，须经脱水才能得到含水20%左右的湿固体物料。工业上一般采用离心机来实现脱水操作。连续沉降式离心机在悬浮聚合产品的脱水工艺中，越来越广泛地被采用。

PVC浆料脱水的连续沉降式离心机的生产能力应以树脂脱水后的湿含量、母液中含固体量、单位时间排出PVC固体物料量这三大指标来表示。这三大指标反映出的离心机处理能力，在很大程度上取决于PVC粒子的物理性状、离心机的进料量、离心机的挡板位置、转鼓形状和转速、转鼓与搅龙的转速差等。这些因素均对生产能力有较大影响。

3.4.1 连续沉降式离心机的构造和工作原理

连续沉降式离心机结构示意如图3-3所示。

在连续沉降式离心机高速旋转的卧式圆锥形的转鼓中，有与其同方向旋转的螺旋输送器，它依靠齿轮机构的特殊动作，旋转速度稍低于（或稍高于）转鼓转速，浆料由旋转转轴内的进料管送至转鼓内。由于强大的离心力，密度大的固体物料沉于转鼓内壁，在螺旋输送器的推动下，由转鼓直径小的一端开口部分卸出。而液体则从另一端可调节的液体排出孔挡板中流出。

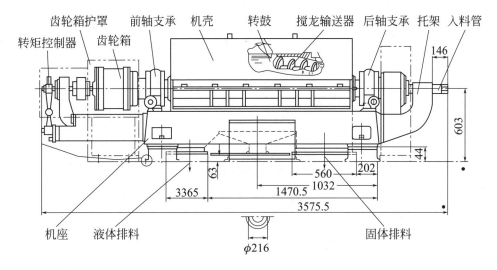

图 3-3　连续沉降式离心机结构示意图

3.4.2　影响离心机脱水效果的因素

3.4.2.1　PVC 颗粒形态

悬浮聚合制得的 PVC，以颗粒形态区分，一般分两种，一种为紧密型树脂，颗粒内部孔隙较少，甚至有的无孔呈透明玻璃球状。另一种为疏松型树脂，颗粒疏松多孔。

由于疏松型树脂疏松多孔，产生毛细现象，所以有优异的加工性能，但也会使颗粒内部含水增大，离心脱水较困难。通常颗粒的孔大，表现为假密度较小，反之孔隙率小，假密度较大。

树脂的假密度与滤饼水分的关系如图 3-4 所示。

3.4.2.2　加料量

在离心机处理能力范围之内，随着加料量的增加，离心后树脂含水量也稍有增加。如加料量过大，使螺旋输送器中间挤满物料，造成排水通道堵塞，会使脱水效果不良。

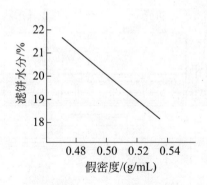

图 3-4　树脂假密度与滤饼含水量的关系曲线

送料量与脱水后树脂含水量的关系可由图 3-5 表示。

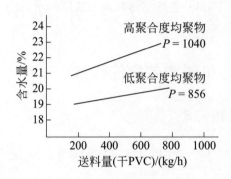

图 3-5　送料量与脱水后树脂含水量的关系

3.4.2.3　浆料温度

在 20~40℃，离心后物料含水量受浆料温度的影响很小，如图 3-6所示。

温度升高，滤饼黏度增大，螺旋输送器负荷加大，则影响离心下料能力。温度过低，则影响下一步的干燥工序生产能力。所以浆料温度一般均控制在 60~80℃。

3.4.2.4　浆料浓度

离心后树脂滤饼含水量与浆料浓度有关，在相同流量的情况下，

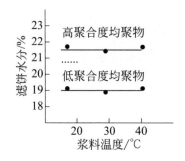

图 3-6 滤饼含水与浆料温度关系

浆料大一些脱水效果好。但浓度高的浆料在输送过程中容易沉降，堵塞管道；浆料浓度过低，离心机下料能力下降；因此一般浆料浓度以 30％～35％为宜，浆料浓度与脱水后物料含水量的关系如图 3-7所示。

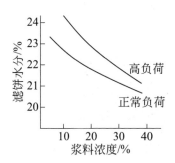

图 3-7 滤饼含水与浆料浓度关系

3.4.2.5 挡板位置

降低挡板位置，转鼓内液体的液面下降，脱水段增长，滤饼含湿量下降，但是沉降段缩短，母液中含固体量也会相应增加，所以应适当调节挡板位置。

3.4.2.6 离心机机械因素

如转鼓的形状是圆锥形，则脱水段长，树脂脱水效果好，而分离效果差。如转鼓形状是圆筒加圆锥形，脱水段较短，树脂残存水分多，但分离效果好，母液中含固量低。

输送器螺距越大，推料速度越快，滤饼含湿量也越高；螺距小，推料速度慢，排出物料能力下降，在加料较大情况下，螺距间的物料会相应增厚，使排水通道变小，严重时会出现所谓"腹泻"现象，失去分离效果，机身振动也会增大。

转鼓转速提高，则离心力大，分离因数高，滤饼含水量低，分离效果好。反之则相反。

转鼓与螺旋的差速与螺旋螺距对离心影响大致相同，即差速大，推料快，滤饼含水量增多，反之则滤饼含水量减少但能力下降。

一般 PVC 的脱水，在选定离心机后，离心机的机械因素已固定，所以这些因素是恒定的，故在实际生产中主要控制和调节前 5 个因素，来改变脱水状况。

离心脱水的特性受各方面因素的影响，而且是互相关联的，所以不能单独用一种因素去分析离心机的处理能力、脱水度和含固量，可以用图 3-8 来表达这种复杂的关系。

由图 3-8 可知，离心机的处理能力是各种因素综合的结果。

3.4.2.7　卧式离心机的工艺因素

由于离心机下料螺旋的转速较高，一般为 2800r/min 左右。所以下料时常有很大的风产生，而且风压也较大，这些风含有大量的蒸气，易造成很大的危害。

① 离心机下料后密闭进入螺旋输送器，而螺旋输送器又有料封，这部分气压又较大，所以它会由离心机下料挡板间隙流向下水一方，从而造成转鼓外集存物料，必须经常开盖清理，形成大量次品。有的工厂采用定期水冲洗，则会把这部分物料冲入下水，使离心母液中含

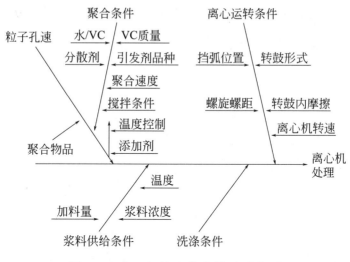

图 3-8　离心机处理能力关系示意图

固量大大增加。

② 离心机下料斗内由于蒸气冷凝会造成 PVC 凝结在斗壁上，达到一定程度时呈块状物料脱落，这些块状物料基本上饱和含水，通过搅龙加入气流管，极易造成气流吹不上去而落入弯头部位，久而久之变成黑黄点的来源，严重时还会造成弯头内着火。

综上所述，如何消除离心机下料时的气体成了生产中要解决的一个重要问题。

过去曾有厂家采用抽风方法排出气体，但效果不理想，主要由于管道被抽出的 PVC 堵塞。

下面介绍一种有效的解决办法，图 3-9 也是采用抽风的方法，在离心机的下料斗（垂直面）开一个 $1m^2$ 左右的口，在口上固定由两层金属拉网（钢板网）夹着的无纺布，这样就完成了斗上的排气，在口外设一罩子用风机把跑出的蒸气排到外面。

关键是：①斗上的开口不能太小，因为气速太大，则跑出的蒸气夹带 PVC 存在无纺布上，风压会使其不能脱落而堵塞；②靠金属钢板

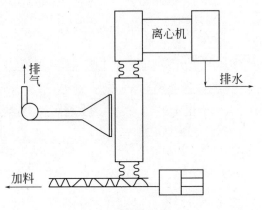

图 3-9 过滤抽风法示意图

网的自然振动把集存在无纺布上的 PVC 不间断地抖落，达到不堵塞、排风畅通的目的；③无纺布采用只漏风、不漏料的品种；④抽风机按每台离心机 500m³/h 的风量选择，但风压不要过大，一般以 0.05MPa 为宜；⑤抽风斗稍大于斗的开孔，但不和斗连接，正好对上为准。

采取以上措施后，较好地解决了离心机内存料和下料蒸气的排放，使弯头的积料明显好转。

3.5 聚氯乙烯树脂的干燥

成品含水量不合格时，塑料厂加工时因水分汽化，会使制品内部及表面生成气泡，影响机械强度、电绝缘性能和制品外观，因此，必须经过严格的干燥过程处理，使成品含水量（质量分数）达到 0.3%~0.5%以下。

根据物料中水分除去的难易来划分，物料中的水分可分为结合水分和非结合水分。

结合水分包括物料细胞壁内水分、物料内可溶固体溶液中水分及物料内毛细管中的水分等。由于这种水分与物料的结合力强，产生不正常的低气压，其蒸气压低于同温度下纯水的饱和蒸气压，因此，在干燥过程中，水扩散至空气主体的扩散推动力（Δp）下降，所以，物料内结合水分的除去比较困难。

非结合水分包括存在于物料表面的吸附水分及孔隙中的水分，它主要以机械方式结合，它与物料的结合强度较弱，物料中的非结合水分所产生的蒸气压等于同温度下纯水的饱和蒸气压，因此，非结合水分的除去与水的汽化相同而比结合水分的除去容易。

PVC悬浮液经离心脱水后，仍含有 $20\%\sim25\%$（重量）的水分，需要干燥除去。由于PVC颗粒具有一定的孔隙度，因此在干燥过程中存在临界湿含量值，如图 3-10 所示。

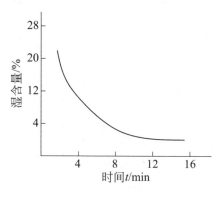

图 3-10   湿含量与时间的定性关系

由图 3-10 可见，疏松型树脂含湿量临界值为 $3.5\%\sim4\%$。树脂在含湿量临界值以上，其干燥速率主要由"颗粒表面汽化"控制，除去PVC颗粒的表面水分；在临界值以下为"降速干燥区"，其干燥速率主要由"颗粒内部扩散"控制，除去PVC颗粒孔隙内的水分。其定性关系，可由图 3-10 来表示。

图 3-11 表明树脂在"等速干燥"区，除去表面水分，可在很短时间内（$2\sim8s$）完成，因此可采用气流干燥器来完成；树脂在"降速干燥"区，除去孔隙内的水分，需要较长的时间（10min 左右）才能使

含水量达到 0.3% 以下，宜采用沸腾干燥器。因此，目前干燥工艺大多采用气流干燥和沸腾干燥两段串联的流程。

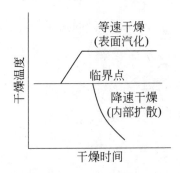

图 3-11 干燥温度与干燥时间的关系

3.5.1 气流干燥

3.5.1.1 气流干燥过程简述

气流干燥又称闪热式干燥或急骤干燥。这种干燥方式是利用热空气在瞬间（2～8s），将物料中表面水分除去。离心后含水 20%～25% 的 PVC 滤饼，进入气流干燥器底部，在流速很快（10～20m/s）的热气流扰动下，呈团粒状的滤饼均匀散开，使有效干燥面积大大增加，气固相在几秒内通过干燥管，经过传热和传质，树脂颗粒表面的水分迅速汽化，并随热气流带走。因此热空气与树脂接触时间很短，故可允许使用较高的风温，一般最高温度为 160℃ 以下。

这种急骤式的干燥，树脂孔隙内的水分大多来不及扩散出来，所以主要除去粒子表面水分。因此经过气流干燥后，树脂含水量仍达 6%～7%，剩余的水分，还须进一步干燥来除掉。

3.5.1.2 气流干燥特点

（1）瞬间得到粉末状的干燥制品　即用过滤器过滤脱水的各种滤

饼供料，设法控制脱水后滤饼水分，也能顺利地一举得到粉末状的干燥制品。

（2）获均匀干燥制品　因为气流干燥是被干燥物料在一粒一粒的状态下分散于热风流中的干燥方法，其水分几乎是附着水分，同时粒子与热风接触面积大，所以热传递速率极大的水分几乎都在表面蒸发干燥。因而极限含水率显著下降。

（3）处理能力极大　干燥能力的评价应从单位时间内被处理的蒸发水量来看。对于气流干燥，伴随着所需风量的增加，干燥管、旋风分离器等也增大，而热风中被干燥物料的分散状态和分离器的捕集效率则下降。从而决定装置规模的最大极限。

（4）干燥制品的水分能控制在一定范围　气流干燥是用前述那样的最大干燥速率进行干燥的，所以用在达到极限含水率之前停止干燥的方法来控制含水率是难以实现的。而水分含量在 15％～20％ 范围内的物料，在旋风分离等捕集装置畅通的情况下，适当选择处理量、热风温度等能达到控制成品含水率的目的。

气流干燥能量消耗较大，热效率低（30％～40％）是其缺点。但由于气流干燥具有设备简单、连续、稳定、处理能力大等优点，所以在 PVC 干燥工艺中仍被广泛地采用。

3.5.2　沸腾干燥

沸腾干燥是在流化床内进行的。加热空气通过花板（又称分布板）进入床内，使 PVC 粒子在热风扰动下，呈沸腾状态。由于气固相在流化床内得到良好的接触，从而强化了干燥的效果。

流化床干燥有几大特点：

① 粉粒料与热风接触良好，热容量系数大，而且传热性能好。因此，在处理能力相同时，设备容积小。

② 流动床内温度分布均匀，故在以粒子表面蒸发为主的干燥时，可用温度较高的热气，因此能在高热效率下进行干燥操作。

③ 容易控制粒子停留时间，故易于控制成品的含水率。

④ 装置结构简单，造价低。

⑤ 一般几乎没有破坏粒子的问题。

特别是①、②的传热性和③的固体粒子停留时间的可控制，对装置的设计及操作条件的选择都是非常有利的，因此，种种形式的流动床干燥装置都广泛使用于粉料的干燥上。

树脂孔隙内的水分，因树脂表面水分的不断蒸发，使内孔与表面形成湿度梯度，水分不断地向表面扩散，经过比较长时间（10min左右）传热传质的作用，粒子内部水分大量被蒸发掉，使产品含水达到0.3%～0.5%的要求。对于疏松多孔的树脂，内部含水常在4%左右，如不经沸腾床的干燥处理，树脂成品含水是很难达到树脂质量要求的。

3.5.3 影响气流干燥效果的因素

气体对气流干燥的影响主要是影响干燥速率，即单位时间在单位干燥面积上，物料所能汽化的水分量。影响干燥速率的因素很多，对气流干燥的主要影响因素分以下几方面分别叙述。

（1）湿物料的性质和形状 湿物料的性质和形状包括：树脂粒子结构、大小、物料层的厚薄、水分的结合方式等。

树脂的颗粒结构、形状、大小主要取决于聚合，但树脂一经形成后，则主要取决于回收（碱处理）和离心水洗工序。当然如果粒子疏松多孔，粒子较大，料层较厚，对气流干燥是不利的，反之则有利。

另外，如果后处理不净，使分散剂、引发剂等残存的杂质未被充分破坏或除掉，则在粒子表面易形成一层薄膜，阻碍水分的蒸发和内部水分的扩散，将会降低干燥速率。

（2）湿物料含水量 湿物料含水量越高，在一定干燥介质温度下，干燥速率越慢，反之则干燥速率加快。

（3）物料本身温度 如果物料本身温度在进入气流之前越高，则干燥速率越快。反之，则干燥速率变慢。

（4）加热空气温度 对气流干燥而言，加热空气的温度越高，则干燥速率越快，但应以不影响树脂质量为界限，所以热空气温度过高是不允许的。

（5）空气湿度和流动速度 加热空气相对湿度越低，物料水分的汽化速率也越快。增加空气的流动速度也可以加快物料的干燥速度。

（6）控制因素 诸如：加料不均匀及设备跑冒、阻塞等原因，均会影响干燥速率，所以要加料平稳，及时清洗管道和杜绝设备跑冒滴漏。

总之，凡能提高表面汽化速率的措施，对提高气流干燥速率都是有利的。

3.5.4 旋风干燥

旋风干燥是1990年北京化二股份有限公司自行开发的PVC干燥技术，它以独特的工艺、优良的性能在PVC生产装置上广泛被采用。

（1）旋风干燥的过程简述 通过气流干燥的热风夹带着物料进入旋风干燥床。旋风干燥床为一个圆桶形设备，内有若干层漏斗形挡板，在挡板开孔处有一特殊的装置以保证热风及物料在每一室中的旋转，其结构见简图3-12。进入旋风式干燥床的物料在热风的吹送下，在床内高速旋转，使物料产生了离心力，而热风则继续向上，一室一室地旋转穿行。当在进料的第一室内气体与固体量达到某一个值时，则物料随热风进入第二室，如此反复，最终由顶部排出，经旋风分离器气固分离得到水分合格的 PVC 树脂。

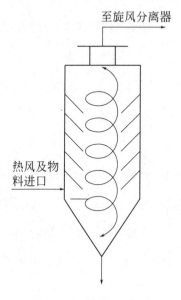

至旋风分离器

热风及物料进口

图 3-12　旋风干燥床

（2）旋风干燥器的特点

① 物料在床内高速旋转，床内无死角，故不需要清理。

② 改换型号时由床的底部放出物料，故简单易行。

③ 由于使用气流干燥的余热，故大大节约了能源，可比气流沸腾两段式干燥节能 50％。一般可达到蒸汽消耗为 400kg/t。

④ 旋风干燥流程简单、设备少，故一次性投资大大减少。进而为实现干燥的自控创造了条件。

⑤ 由于使用了气流干燥后热风余热，故床温低，树脂不易出现黑黄变质现象，提高了产品质量。物料又在温室气中运行，故减少了静电的产生，有利于树脂的过筛。

（3）影响旋风干燥的因素

① 风机的风量。由于旋风干燥是靠风把物料在床内吹成旋转产生

离心力，故其物料在床内的停留时间与风量有极大的关系，风量减少则床内风速不足，物料离心力不足，很容易吹出则达不到干燥的目的。故空气过滤间的堵塞及风阀的位置均应随时注意。

② 物料颗粒度大小。物料颗粒度大，则在床内停留时间长，因其密度大，离心力大。反之则停留时间短。故粒径的大小对旋风床的生产能力影响极大。故应加强聚合的控制，使 PVC 树脂粒径保持在一个合理的范围。

③ 其他影响因素均与气流、沸腾床影响因素相同。

3.5.5　大型旋风干燥床介绍

旋风干燥技术由于操作简单、节能、建设和运行成本低、产品质量好而在 PVC 行业得到迅速推广。

（1）旋风干燥的基本流程　流程如图 3-13 所示。

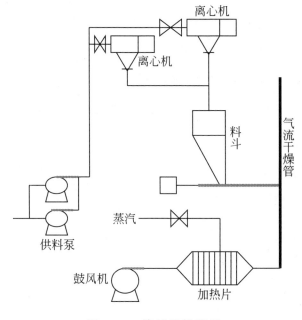

图 3-13　旋风干燥流程

（2）旋风干燥的基本原理

① 旋风基本过程。如图 3-14 所示。

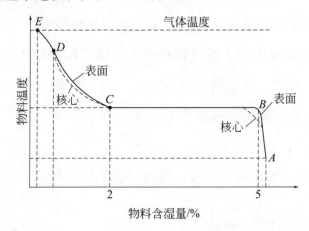

图 3-14　物料温度与物料含湿量的关系

AB 段：除去离心分离后保留在物料细小容积骨架中的水分，*A* 点相应的含湿量约为 20％～30％，取决于离心机的分离效果，*B* 点相应的含水量约为 5％，*B* 点取决于 PVC 颗粒的表面形态，*AB* 段在气流干燥管内完成，所需的时间约为 1～3s。若物料含湿量超过 5％，容易在干燥床中粘料，产生黑黄点。

BC 段：除去 PVC 颗粒的表面水分，此时的 PVC 颗粒就像一个湿球，此过程的长短取决于物料的比表面积，*C* 点相应的含湿量约为 2％，所需的时间约为 20～60s。

CD 段：除去毛细管的水分，此过程取决于颗粒的孔隙率及孔隙分布。*D* 点的含混量约为 0.5％。

DE 段：除去物理-化学结合水。

BE 段在旋风干燥床内完成。

② 干燥过程的质量传递：

Priem 蒸发模型 $\qquad \lambda_0 = K \dfrac{T_g}{T} \ln \dfrac{p - p_i}{p - p_s}$ （3-1）

式中，T_g 为气流温度；T 为颗粒的平均温度；p_i 为混气中水蒸气的分压；p_s 为颗粒表面的水蒸气压；p 为混气的总压；K 为颗粒形态影响因素。

③ 降速干燥段的时间与干燥温度对物料湿度的影响如图 3-15 所示。

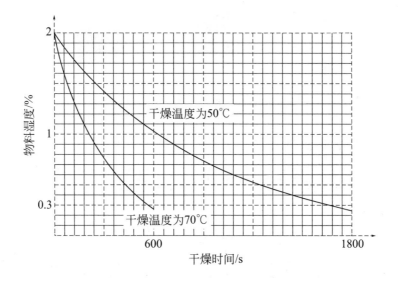

图 3-15　图 3-14 中 *CDE* 段所需的时间、温度、物料湿度

④ PVC 颗粒的流动特性：

PVC 颗粒的沸腾起始气速为 1.5m/s。

PVC 颗粒的吹出起始气速为 7.5m/s。

⑤ 物料在干燥床中的运行状态如图 3-16 所示。

物料在沿切线方向进入旋风床后开始气固分离，滑降速度为 0.5m/s，随后沿床壁螺旋上升。遭遇挡板后被迫沿挡板向中心流动，至中心孔边缘又受到气流的冲击而作离心运动，随着挡板下方物料的增加，在低密度时与惯性力及气流的摩擦力相比几乎可以忽略的重力开始在宏观上起作用。

因而在挡板下部形成高密度的物料滞留区。当物料密度增加到一

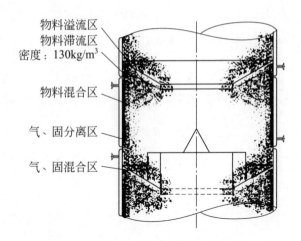

物料溢流区
物料滞流区
密度：130kg/m³

物料混合区

气、固分离区

气、固混合区

图 3-16　物料在干燥床中的运行状态

定程度时滞留区达到饱和，小直径或低密度的颗粒开始溢出，并与气流混合进入下一干燥室，如此反复，直至干燥完毕由干燥床顶部排出。

物料在干燥床中，除了滞留区之外以每秒十几米的速度沿着螺旋线运动，所停留的时间约为 10～15s。停止加料后，滞留区的密度略下降。

⑥ 旋风干燥床设计中的两个新概念。

首先澄清两个概念：第一，物料的气密度，是指运行过程中旋风床内物料存留量与干燥床容积之比。事实上物料在旋风床中的分布不均匀，而且，物料存留量与容积并不直接相关，因而物料气密度的概念不如滞留区饱和密度更具有实际意义；第二，早期，人们总是想找出某种最佳的旋风床几何结构。并认为干燥床具有几何相似性。

以上两个概念只有在小范围内有意义。以这种逻辑进行大型干燥床设计是不可能的。

a. 物料滞留区。在旋风床中物料分布很不均匀，在挡板下方存在一个平均密度比较高的区域，我们称之为物料滞留区。滞留区的形状和切向速度之比有关。切向速度增加时边界向内凹，轴向速度增加时边界向外凸。在简化计算时可以当作直线，并引入修正系数，误差小于 10%。

当挡板间距过小时，滞留区会显著变小。

当中心过长时，滞留区的密度会减小。

b. 滞留区饱和密度。滞留区饱和密度是指在特定的运行状态下，干燥物料滞留区所能达到的极限密度。

这个密度的理论计算既困难也不准确。最好是根据相似性以类比的方法计算。

滞留区边界是由颗粒的惯性力与颗粒的表面摩擦力平衡来规定的，滞留区饱和后即处于动态平衡状态。

颗粒保留在滞留区的概率正比于颗粒的沉降速度。

颗粒溢出滞留区的概率正比于颗粒浓度的 n 次方（$n=2\sim2.5$）。

离心沉降速度
$$V_t = \frac{X^2 \rho_p V_i^2}{18\mu R_m} \tag{3-2}$$

式中　X——物料粒径；

ρ_p——介质密度；

V_i——离心沉降速度；

μ——空气黏度；

R_m——气流旋转的平均半径。

当沉降速度增大时，饱和密度发生不显著增加。也就是说太多的强制旋流器没有多大意义（但可以降低静电倾向）。

在物料性质相同的情况下，不同的干燥床沉降速度一定时，饱和密度不变。

在设计时可以简化为：$\dfrac{X^2 \rho_p V_i^2}{18\mu R_m} = \text{const}$　　　　　（3-3）

⑦ 旋风干燥床中的物料存留量计算式如下：

$$M = [2k\pi(R^3 - r^3)/3 + (h - kr)(R^2 - r^2)]n\pi\rho \qquad (3\text{-}4)$$

式中　R——旋风床内径；

　　　r——中心孔外径；

　　　ρ——物料滞留区密度，取 $120\sim150\mathrm{kg/m^3}$；

　　　h——中心孔长度（$h < h_c$）；

　　　k——修正系数，取 $1\sim1.2$；

　　　n——挡板层数。

3.5.6　设计中涉及的参数

$1\mathrm{kW \cdot h}$ 电能折合 $0.35\mathrm{kg}$ 标准煤。

$1\mathrm{t}$ 标准蒸汽折合 $150\mathrm{kg}$ 标准煤。

$2.5\times10^6\mathrm{kJ}$ 折合 $1\mathrm{t}$ 标准蒸汽（$0.49\mathrm{MPa}$，湿度 2%）。

$20\sim150\mathrm{℃}$ 时空气的比定压热容近似取 $1.01\mathrm{kJ/(kg \cdot K)}$。

$20\mathrm{℃}$、1 个大气压下水的汽化潜热近似取 $2500\mathrm{kJ/kg}$。

水蒸气的比定压热容取 $4.18\mathrm{kJ/(kg \cdot K)}$。

PVC 的比热容取 $1.6\mathrm{kJ/(kg \cdot K)}$。

$R = 8.307\mathrm{J/(mol \cdot K)}$。

$1\mathrm{kW \cdot h} = 3600\mathrm{kJ}$。

3.5.7　设计实例

某厂 12 万吨 PVC 干燥的运行参数和工作能力如下：

鼓风机风量：$1.43\times10^5\mathrm{m^3/h}$

引风机风量：$1.65\times10^5\mathrm{m^3/h}$

设计干燥能力：$15\mathrm{t/h}$

当时的两台离心机滤饼湿度分别为 31% 和 35%。

计算结果表明实际脱水能力为 6.5t/h。

若滤饼含水量为 25％，则干燥能力可以达到 15.6 万吨/年。

3.5.8 大型风机

鼓风机：$Q=255000\text{m}^3/\text{h}$　$p=2700\text{Pa}$　$t=15℃$

南通风机厂 G4-73 20.0D 风机

配用：YKK450-8 280kW 6kN 2P54 电机

配用 B＋RS250/F28H 电动执行器

引风机 $a=298000\text{m}^3/\text{h}$　$p=3500\text{Pa}$

南通风机厂 Y5-48 25D 风机

配用 YKK6301-61250KW 6KN 2P54 电机

3.5.9 旋风分离器设计方法简介

通过分析、建立旋风分离器的理论模型，得出一种简单地求解临界粒径的方法。进而求解出不同临界粒径下旋风分离的总效率，找出旋风分离器的设计方法。图 3-17 为旋风分离器结构图。

临界粒径 X_C 是指理论上能完全分离的最小颗粒直径。它是判定分离效率的重要依据。

假设：① 气流以进口切向速度作螺旋流动；

　　　② 颗粒在分离器内作层流下的自由沉降；

　　　③ 颗粒必须穿过整个气流宽度才能到达壁面。

离心沉降速度　$V_t=\dfrac{X^2(\rho_p-\rho_g)V_i^2}{18\mu R_m}$　　　　$\rho_p\gg\rho_g$　　　　(3-5)

沉降时间　　　$t=\dfrac{B}{V_t}=\dfrac{18\mu R_m B}{X^2\rho_p V_i^2}$　　　　　　　　　(3-6)

令气流在分离器内的旋转圈数为 N，则颗粒的停留时间为：

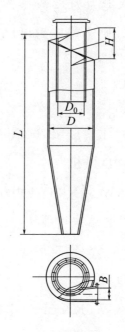

图 3-17　旋风分离器结构图

$$\bar{t} = \frac{2\pi R_{\mathrm{m}} N}{V_{\mathrm{i}}} \tag{3-7}$$

$$X_{\mathrm{C}} = \left(\frac{9\mu D}{\pi \rho_{\mathrm{p}} N V_{\mathrm{i}}} \times \frac{B}{D} \right)^{\frac{1}{2}} \tag{3-8}$$

式中　　X_{C}——临界粒径；

　　　　B——旋风筒入口宽；

　　　　D——旋风筒直径；

　　　　a——离心沉降速度系数，$a = \dfrac{(\rho_{\mathrm{p}} - \rho_{\mathrm{g}}) V_{\mathrm{i}}^2}{18\mu R_{\mathrm{m}}}$；

　　　　ρ_{p}——介质密度；

　　　　μ——空气黏度；

　　　　R_{m}——气流旋转的平均半径。

分离器的设计参数：

由 $X_C = \left(\dfrac{9\mu B}{9\rho_p N V_i} \right)^{\frac{1}{2}}$ 可知减小旋风筒直径、增加长度，提高风速是提高分离效率的有效途径。设备运行压力降 $\Delta p = \xi V_\rho V_i^2$，因而单纯提高风速会造成能量浪费。根据实际生产情况，考虑到处理能力以及旋风筒长度的极限，确定正确的修正方法，可以得到良好的分离效果，有效地利用能源。

3.6 树脂的过筛

尽管在聚合中采用了各种措施，但聚氯乙烯树脂成品的粒度因种种原因仍然不一致。而物料中的皮状物、大颗粒以及机械杂质的存在会影响树脂加工的性能，甚至损坏加工机械设备。因此，加工前往往还要过筛。而聚氯乙烯树脂成品也需要过筛后才能包装。

所谓过筛即将物料放于特定结构的筛网上，由机械簸动一定时间，筛网下部物料即为成品，筛网上部的物料即为筛余物。而经过一次过筛后的筛余物中，还有一些合格的物料，所以常常需要将筛余物二次过筛，而筛余物与成品之比称为过筛效率，其效率的高低与许多因素有关，诸如：物料形状、湿含量、筛孔大小、筛结构等。

国内用于聚氯乙烯的过筛大多为旋转振动筛。

3.6.1 旋转振动筛

旋转振动筛在圆框式网架上装有筛网，筛网的下面有打击球，整个筛体由一个电机通过偏心轴带动，使其旋转，筛网网面产生簸动旋转，物料则在网上穿过，大颗粒物料被分离出来。

3.6.2 影响过筛效率的因素

（1）物料颗粒形状 一般来说，有规则的球状如乒乓球形树脂易于过筛，而无规则形如棉花形树脂不易过筛，直接影响到过筛效率。

（2）筛孔的大小　筛孔大，过筛容易；筛孔小，则过筛不容易。可以在保证产品粒度的情况下使用适当的筛网孔径。

（3）湿含量　物料湿含量的大小直接影响过筛效率，含湿量大，流动性不好，不易过筛，且有堵死筛孔的弊病。物料含湿量过小，由于摩擦而产生静电，使粒子黏结，从而产生较大粒团，像雪花一样，显然不易过筛，所以在干燥过程中物料水分在满足产品要求的情况下，尽量不要过干。

（4）影响旋转振动筛的特殊因素　对电磁振动筛而言，除以上影响因素外，尚有筛网松紧、打击球、振幅、频率等的影响。

a. 筛网松紧　电磁振动筛筛网过松，则物料重量将筛网压成凹状，而不易振动，此时筛余物不易移动，过筛效率极低。筛网过紧则网面刚性强，弹力大，物料接触网面被弹起，也不利于过筛，所以旋转振动筛筛网应保持一定的松紧度，这要由操作实践调节确定，使用一定时间后，筛网松紧度还应进行调整。

b. 打击球　打击球的作用是利用其弹性打击网面，达到支撑筛网和弹起堵塞筛孔物的目的，频率较高。

c. 振幅　振幅大，过筛效率好，但设备易于疲劳损坏，振幅小，过筛效率低。所以振幅应根据筛体刚性情况来确定。一般控制在 $1 \sim 1.2$ 的范围。在满足过筛要求的情况下，振幅应尽量调节小些，以延长筛子的使用寿命。

3.7　树脂的输送与包装

3.7.1　树脂的输送

为了方便成品的分批存放和包装，改进劳动条件和树脂的均匀混合，需将树脂由生产地点输送到聚氯乙烯贮仓。

由于 PVC 是粉状物料，易造成粉尘飞扬，所以尽管有多种输送机械，为了实现上述目的，气流输送被广为采用。

所谓气流输送是用气流将固体颗粒吹成悬浮体，使颗粒随气流输送到指定地点，而由旋风分离器进行分离回收。根据气流输送中单位体积气体所输送的固体物料量，又可分为稀相输送和密相输送两种。这两种输送的对比见表 3-3。

表 3-3　稀相与密相输送对比表

项目 输送形式	气速 /(m/s)	气固比(质量分数) /%	功率比 /%	风量比 /%
稀相输送	8~30	0.5~5(10)3	1	20
密相输送	<8	25~100(200)3	10(启动时)	1

稀相输送时，颗粒间的影响很小，可以看作是单个颗粒运动；密相输送时，颗粒成集体运动，在垂直管道中，可以看作是一个前进着的沸腾床，可见对气流输送产生直接影响的主要是气体的流速和气固比。

气流的速度均应满足物料的极限速度，而气固比小一些当然对输送是有利的。在采用稀相输送时，其气流对被输送固体的体积浓度较小，而密相输送可达 $0.26 \sim 0.31 \mathrm{m}^3/\mathrm{m}^3$。因此稀相输送需气速高，气量大，压力低，功率较小。而密相输送则反之。

总之，采用气流输送有使系统密闭、劳动条件好、设备紧凑、构造简单、投资少、维修方便、生产率高等优点，故在 PVC 树脂输送中被广泛采用。

3.7.2　树脂的包装

聚氯乙烯树脂的包装除计量外的其他程序，如扎口、缝口、码垛均为人工。所以树脂称量机的好坏直接关系到树脂包装重量的准确、人工称量的体力劳动、粉尘污染等问题。

3.8 消耗定额（参考）

年产 4 万吨、5 万吨、8 万吨 PVC 的设计定额见表 3-4～表 3-6。

表 3-4 年产 4 万吨 PVC 设计定额

原辅料及公用工程	消耗量
氯乙烯/(kg/t)	1010
软水/(kg/t)	3700
聚乙烯醇/(kg/t)	1.32
引发剂/(kg/t)	0.30
涂釜液/(kg/t)	0.1
终止剂/(kg/t)	0.06
循环水/(t/t)	158
自来水/(kg/t)	275
冷冻水(0℃)/(kg/t)	8915
蒸汽/(kg/t)	690
电/(kW·h/t)	175.8
仪表空气/(m³/t)	66

表 3-5 年产 5 万吨 PVC 设计定额

原辅料及公用工程	消耗量
氯乙烯/(t/t)	1.065
软水/(t/t)	5
聚乙烯醇/(kg/t)	2.25
DCPD/(kg/t)	0.41
有机锡/(kg/t)	0.25

原辅料及公用工程	消耗量
$NaHCO_3$/(kg/t)	0.25
河水（30℃）/(t/t)	冬季 50
	夏季 70
自来水/(t/t)	3
蒸汽/(t/t)	2.5
电/(kW·h/t)	200
N_2/(m³/t)	40
仪表空气/(m³/t)	20

表 3-6　年产 8 万吨 PVC 设计定额

原辅料及公用工程	消耗量
氯乙烯/(t/t)	1.01
软水/(t/t)	2500
聚乙烯醇/(kg/t)	0.65
二次分散剂/(kg/t)	0.65
引发剂 A/(kg/t)	0.7
引发剂 B/(kg/t)	0.4
稳定剂抗氧化剂/(kg/t)	3.3
涂釜化学品/(kg/t)	0.1
循环水/(t/t)	130
盐水/(m³/t)	10
电/(kW·h/t)	170
N_2/(m³/t)	2
仪表空气/(m³/t)	50

4

悬浮法生产PVC经常出现的异常现象和处理方法

悬浮法生产 PVC 经常出现的异常现象大致可分为：质量类、工艺类、配方类、公用工程类、仪表类，这里某一项有异常都可引起其他项的不正常。这些现象虽是互相关联的，但只能分别论述。

由于我国 PVC 生产厂家众多，工艺各异，手动与计算机应用并存，釜型也不一致，所以谈到异常现象只能在千差万别之中找到它们的共性的东西加以论述和分析，供生产者参考。

工艺是决定生产正常与否的老因素，但这个工艺在这里只是暂时指工程、流程方面，涉及其他方面的在另外章节中说明。

4.1 分散剂配制

比较典型的分散剂配制工艺流程见图 4-1。

分散剂配制过程中出现的问题往往有如下几种情况：①投料过急，配制槽内成黏团状；②配制过程中泡沫过多；③配制槽与贮槽的冷却盐水管泄漏，造成粗料；④使用中浓度发生变化，造成粗料；⑤升温盘管易黏着分散剂而在升温时形成黑色块状物，堵塞泵及过滤器。

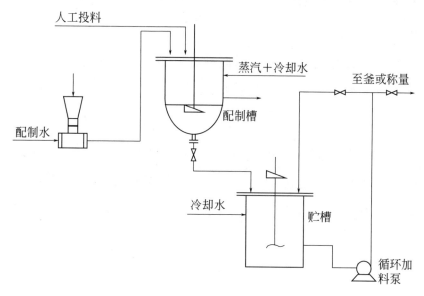

图 4-1　分散剂配制工艺流程图

4.1.1　配制投料

如何解决配制投料中的问题呢？尤其是 HPMC 在配制时要求热溶胀、冷溶解。当水升温至 70～80℃时，配制槽液位以上充满蒸汽，如果为加料均匀使用筛网，很容易使筛网堵塞，使筛网清洗困难。

为解决上述问题，可利用文丘里原理，在配制槽加入水时，利用水的压力形成的文丘里真空，将 PVA 带入配制槽即可圆满解决分散问题。要注意的是文丘里的设计必须保证在水没加完之前，PVA 已经加完。另外如果还要再加入 HPMC 的话，配制槽要留有一定容积，当配制槽内的 PVC 升温到一定的温度后，再用水经文丘里带入 HPMC。

4.1.2　配制槽内泡沫过多

配制槽内配制分散剂时产生泡沫过多，原因有以下几种：①配制浓度不合适；②分散剂的品种；③搅拌能力太强；④配制液位与上层搅拌叶太接近。

解决此类问题的办法是：降低搅拌强度，可采取将搅拌的桨叶剪短的方式或更换角度更趋平缓的叶形。由于是釜型搅拌，分散剂品种应尽量选用泡沫较小的品种。在解决无效的情况下，配制槽内要加入消泡剂，但是值得注意的是：一旦加入消泡剂，就要保证定量加入，不能有泡沫则加，无泡沫则免，要坚持按釜定量地加入，这可使分散剂的表面张力保持一致，使PVC质量不至于产生波动。

4.1.3 配制槽或贮槽盐水管泄漏

配制槽往往使用盘管式的加热冷却方式，也常常使用冷冻盐水，在冷热温差较大的情况下，使用一段时间往往发生盐水漏入配制槽或贮槽的情况，这种情况十分危险，会造成Cl^-浓度的升高，破坏分散剂，导致PVC料粗或分散率不合格。

从设备角度上说，在必须使用内盘管式加热冷却时，应尽量避免在配制槽内的焊口，采用无焊口的加热管。即使进入设备的是一个整管成型的，也要依所需面积多做几根，所有焊口均在配制槽外连接。也有厂家改盐水为5℃水，以防止Cl^-的泄漏。

如何判断盐水泄漏呢？那就要经常地在分析配制浓度时测电导率，如果一旦发生电导率异常，则立即关掉盐水，补加少量的分散剂，把分散剂用光后进行检修。要求上述的操作每天至少进行一次。

4.1.4 分散剂在使用中浓度变化

配制好的分散剂投入贮槽中，尽管贮槽内有搅拌和泵回流工艺，但在贮槽使用到液位较低时难免会出现浓度下降的情况。使聚合入料时按浓度计算的量的设定值发生偏差，致使聚合后生成的PVC粒子偏粗或不合格。

这里产生的原因有：由于泵回流分散剂溶液，在泵加压时产生热量，出现浓度变化；泵的回流量小。在回流进入贮槽时没有插入管，而只是回流到贮槽的上部，而贮槽内的搅拌径向力强一些，而轴向力又弱一些。

解决上述问题的方法是：在回流管进入贮槽后加入伸入液相的插入管，增强回流的效果，也可在回流管道上安装小型的冷却器，以解决回流溶液的增温问题。另外在使用中，当贮槽的液位接近下限时，要加强浓度分析以保证聚合釜加入分散剂的准确用量。

4.1.5 升温盘管黏结物料问题

在配制槽的太极图盘管上往往黏结有分散剂，再行配制时其黏着物则炭化，由于热胀冷缩的原因，这些炭化物到一定程度则成块状脱落，堵塞过滤器，又易出现黑点。

解决的办法：除了定期清理升温盘管上的黏结物，在配制时尽量避免升温盘管的暴露外，应使液位在盘管之上，盘管如果太高，则考虑改进。

在配制时应尽量采用冷却水溶解的方法，或把可冷水溶解的分散剂一起配制，以减少升温，如80％醇解度以下的PVA均可以采取冷水溶解，这样可以避免升温管结垢。

4.2 助剂的准确称量与计量

助剂加入的准确与否，直接关系到所得产品的各项性能，为了保证助剂加入的准确性，有两个办法：尽量将各种助剂配制成稀溶液，以减小称量的误差；采用重量称重后加入聚合釜。

（1）使用质量流量计计量　在使用质量流量计进行计量时，一般十分准确，但是在使用两台串联的质量流量计时必然会出现两台之间的误差，当误差大于 2%时就要对其进行校对，这是在生产线上无法进行的。

（2）使用质量传感器进行称量　在聚合生产中除分散剂和引发剂外尚有其他的助剂，如 pH 调节剂、热稳定剂等，均可归入此类助剂中，这些助剂的计量误差使聚合反应和产品质量有极大的波动，所以一般可采用容积称量或单一流量计计量。

4.3　引发剂

引发剂直接关系到反应速率和产品质量，所以引发剂的工艺方法十分重要。引发剂产生的问题既普遍又严重。归纳起来不外乎以下几项：①反应控制不了；②后期超温超压；③等温水入料情况下鱼眼多。

（1）反应控制不了　基本上反映出的问题是，循环水温度偏高、水量不足、引发剂过量。解决办法是：降低引发剂的用量，延长反应时间，否则，所得树脂的质量会很差。

（2）等温水入料时"鱼眼"多　在 70m³ 釜型上，聚合入料采用热水（俗称等温水）入料。由于引发剂最后加入，立即遇到高温水，反应非常迅速，容易形成所谓"快速粒子"，因此在这样的工艺中，引发剂必须经过配制，在配制中使用配方中的分散剂保护引发剂，目的是使引发剂进釜后反应速率降下来，给搅拌一个分散时间，同时由于分散剂的保护，引发剂会缓慢地释放出来，才有利于降低"快速粒子"，也就是减少鱼眼。在这样的工艺中，也应适当把引发剂的浓度配得稀一点。

4.4　聚合釜入料工艺

聚合釜的入料工艺非常讲究，决定了不同的釜型、入料方法、设备情况等多种因素，不同的入料方法有不同的结果，有不同的措施，由于入料工艺有误，有时也会出现产品质量不合格的情况，但由于$70m^3$以上釜都有一套完整的由计算机控制的加料工艺，基本上可减少人为失误。$30m^3$釜因为大多是计算机与手动相结合的方式，而且工艺也五花八门，所以在这个问题上尤为突出，故重点谈$30m^3$釜的加料工艺及影响。归纳为：①粘釜严重；②出现粗料现象；③反应时间长短不一；④热稳定性差。

其加料工艺流程归纳为下列几种形式：①分散剂、引发剂由泵加入，其他助剂由小罐带入；②分散剂、引发剂加入水管内，由水带入釜中，或其他助剂也一并带入，其典型流程见图 4-2。

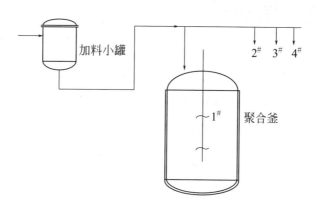

图 4-2　加料工艺流程图

根据以上典型的入料流程分析以上问题。

（1）粘釜严重　在这种方法中，引发剂往往没经过稀释配制，加料开始就立即冲入，引发剂容易粘于釜壁，造成粘釜。这种方式的缺点是：引发剂分散在水中，而加入单体时又需要 VCM 在水中，极易造成在 VCM 油珠中，引发剂分配不均匀。这种分散过程，因为是升温过程而增加了和内冷管的碰撞，也极易造成内冷管的结垢。解决办法是：将引发剂配制成稀溶液。

（2）易出粗料　这种加料方式，在入料中由于分散剂、引发剂都是少量的，在入料总管中极易积存分散剂和引发剂，使入料有多有少，入料少的形成粗料。解决办法是：采用该流程入料应增加反向入水管道，从相反方向入一部分反冲，这样才能保证入料准确。

（3）反应时间长短不一　使用加料罐入料，罐往往是经过排空的，这样极易使空气通过加料带入釜中，过多的惰性气体会使降压显得很慢，延长反应时间。氧气的加入也会给产品质量带来不利影响。解决的办法是：加一个氮气管缓慢地向加料罐吹气，加完料后立即关闭氮气阀门和加料口阀，以保证不进入空气。

4.5　聚合釜的升温方式

聚合釜的升温方式对产品影响极大，甚至升温的快与慢均有影响。目前国内聚合釜除前述的等温水入料外，尚存在蒸汽升温、热水升温两大类（热水升温又分为文丘里加热升温方式和热水槽升温方式）。后两种升温方式会造成的影响有：①分子量分布不均；②极易产生鱼眼；③粘釜；④热性能差。这两种升温方式的典型流程见图 4-3 和图 4-4。

使用热水升温方式，由于一般热水的温度控制在 90℃左右，所以聚合釜入料后由常温到反应温度时，要经过几十度的温度变化，经过几十分钟的过程，在这个过程里，引发剂会有部分的引发反应。而 PVC 的聚合过程又是快速的连锁聚合，必然在升温阶段产生分子量不均一的产品，易产生"鱼眼"，又易于影响热性能。

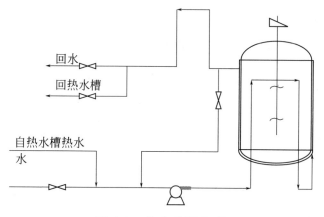

图 4-3 热水升温方式

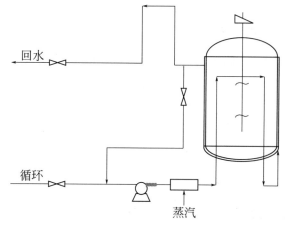

图 4-4 蒸汽升温方式

这个工艺的最大问题是：夹套内结垢，结垢后严重影响传热，所以要定期地进行夹套的除垢作业，笔者推荐使用热水槽循环升温工艺，这种工艺由于有热水槽，所以只要在热水槽内放入除垢剂和缓蚀剂，除垢过程就变得很容易，而且可克服第二种流程中升温文丘里产生巨大的噪声的问题，升温也比第一种速度快一些。

4.6 粘釜与防粘釜

针对粘釜问题的研究，最近几年发展得很快，甚至某些技术可以做到不粘釜也不清釜的水平，非常先进，但是由于工艺水平的差异，不同釜型、不同工艺即使使用同一种防粘釜化学品，其防粘釜的差异也很大。对同一釜型，使用同一种防粘釜化学品，工艺不同差异也很大，所以从工艺角度进行总结对提高防粘釜的水平很重要。

① 防粘釜化学品大多数为 pH 偏碱性，在反应进程中尽量避免反应呈酸性，为防止化学品的效果减弱，应加足够量的 pH 调节剂。

② 要保证防粘釜化学品喷入釜中呈雾化状态，这才能有效地涂布于全釜，也就是说釜内空间温度要保证不出现冷凝水滴。

③ 在内冷管和釜内壁要保持低温，从而使雾化的化学品在这些部位冷凝，保证其涂覆于这些部位。

④ 涂釜时间一般较短，涂釜后要等一段时间，而且保持雾化，以充分利用防粘釜化学品。

只要充分理解和利用上述方法，粘釜会减轻，防粘釜的水平会提高。

4.7　聚合釜出料不干净

聚合釜出料不干净，有很大危害，因为这些没出干净的 PVC 进入第二次反应，基本上会形成鱼眼，所以如何保证料快速地、干净地出完，是提高防"鱼眼"水平的关键之一。

在聚合釜出料工艺中，一般采用两种方式，一种是自压出料，另一种是泵出料，其流程分别见图 4-5 和图 4-6。

出料过程如果是第一种，出料槽压力会增大，随着出料槽压力增大，聚合釜压力由于体积的减少而降低，当阻力和压力差不多时，出料极慢，尤其是在搅拌又搅不到底部时，极易沉积，堆集的物料不易冲净，出完料再冲洗会造成物料流失。

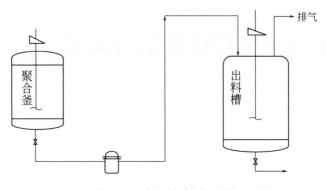

图 4-5　自压出料流程图

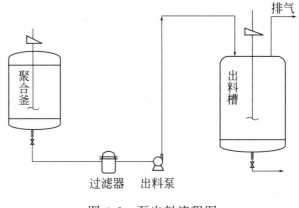

图 4-6　泵出料流程图

　　这种出料还要使用二次出料，即便如此沉积物料也极难出净。这种出料方式出料速度慢，而且增加了聚合的辅助时间。

　　基于上述流程的弱点，很多厂家开始采用出料泵出料，这种方式不受釜内压力限制，选择出料泵的扬程和流量，也可控制出料时间，极大缩短了辅助时间，在聚合釜搅拌不到的底部，由于以极快的速度出去，物料尚未深沉，所以出料很干净，如果采用扬程 70m，流量 200m³/h 的泵，30m³ 釜的出料时间一般在 10min，这对提高效率有很大的作用。当釜接近出完时即可冲釜，一次可完成出料干净，唯一的缺点是如果排气系统不畅，则出料槽必须设计为压力为 5~7MPa 的压力容器。

4.8 出料泡沫捕集器集料太多

一般而言，出料时的泡沫是很难避免的，比较好的办法是将这些泡沫捕集和回收回来。因为这部分物料往往颗粒细小，分子量也较低，长期存放即使温度不高也极易变色形成次品，所以这部分泡沫物料不但要收集而且要不断地打走更新。这部分物料变成次品会导致消耗很大。

为解决这一个问题，可采用泡沫洗涤器工艺，使排气中雾沫降到最低程度或很干净，其流程见图 4-7。

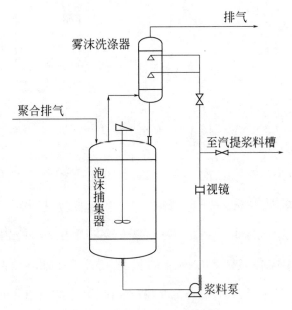

图 4-7　泡沫洗涤工艺流程

泡沫洗涤流程叙述如下：来自出料槽的排气进入泡沫捕集器，气体由顶部排出后进入雾沫洗涤器下部，气相由下而上，在洗涤器内经过充分的水洗，洗净气由雾沫洗涤器顶部排出，洗液则由雾沫洗涤器下部排入泡沫捕集器。泡沫洗涤器内的液体经泵又打入雾沫洗涤器，如此反复的循环，当观察视镜流经的液体含大量树脂时，关闭进雾沫洗涤器的阀门，打开通向汽提进料槽的阀门，将洗液打净之后，向泡沫捕集器内补入新水。

这种方法可以消除排气的夹带物料。

4.9　汽提后 PVC 中 VCM 残留量不合格

对于筛板式汽提塔，汽提后，PVC 中 VCM 的残留量一般可达到 5mg/L 或更小，但是有的厂家生产的产品仍出现不合格现象。以筛板塔为例，分析其大致原因有：①温度不够；②蒸汽压力太高；③PVC 孔隙率太低；④筛板及孔径设计不合理；⑤螺旋板换热器泄漏。

下面给出如下解决方案：

（1）温度不够　温度是决定汽提好坏的主要因素，因为每提出 1kg 的 VCM，则需要大于 21kJ 的热量，当提供的动能不足时，VCM 残留肯定要增加。

由汽提塔顶部放入待汽提浆料，含 VCM 的量很大，一进入塔顶即有大量的 VCM 解析出来，夺走一部分热量，所以塔顶部温度往往比塔底部温度偏低一些，在 10℃左右。

又由于在 PVC 脱除 VCM 的速率曲线中，最快脱析速率应在 110℃以上，所以基本认定汽提塔底部温度在 110℃以上时，汽提的效果是不错的。

（2）蒸汽压力太高　蒸汽的压力和温度，在汽提塔的脱析过程中存在两个方面：①温度要达到最佳脱析速率温度；②要有一定的蒸汽流量，以把已脱析出的 VCM 带走，增加脱析时的动力，降低气相 VCM 的浓度。

所以在保证温度的情况下，尚要保证蒸汽有一定的剩余量。显然在使用高压蒸汽时，少量的蒸汽量就可以满足最佳脱析速率的温度，再通入蒸汽则温度又过高，很难有过剩的蒸汽流量，这样不利于汽提的效率，所以一般应控制进塔蒸汽压力在 0.3~0.5MPa。

（3）树脂孔隙率太低　树脂孔隙率太低，孔隙均匀性差，影响汽提效果，这需要对聚合配方进行调整，增加一些助分散剂的用量，这也是为什么标准中孔隙率并不高，而生产厂却要保证孔隙率的原因。

（4）汽提塔筛板及孔径设计不合理　汽提塔，尤其是筛板塔孔径和直径有很大的关系，由于筛板塔的流速要求很严格，所以流量可在一定的范围内波动，大于该范围不是产生淹塔，就是穿流。这和我们生产的波动不无关系，所以塔径与孔径必须在合理的范围内。

孔径越小、越多对汽提越有利，但是过小对流量则不利，一般汽提塔的孔径应在 8~12mm 之间，汽提塔的直径也应考虑，一般 12 万吨以下时，以 $\phi 1500mm$ 为多数，12 万吨以上时以 $\phi 1800mm$ 为宜。

（5）螺旋板换热器泄漏　在汽提开车正常情况下，突然发生汽提后树脂的 VCM 含量超标或增加，应怀疑螺旋板的泄漏，由于物料的冲刷磨损，在使用一段时间之后，螺旋板换热器的板间磨损或两个端盖垫被磨损，极易造成未汽提 PVC 和脱析好的 PVC 浆料进行掺混，使 PVC 中 VCM 残留量不合格。这种情况发生的可能性大，而且残留量的上升很大，容易发现。

出现上述情况，除了及时发现、迅速停止使用螺旋板外，应采取出料槽升温，一般升到 50~60℃，甩螺旋板直接汽提以维持生产，在螺旋板检修正常后，再恢复原工艺。

4.10　干燥后树脂水分偏大

PVC 树脂水分偏大，是经常出现的问题，究其原因不外乎有：

①VCM含量高；②干燥时温度高；③树脂孔隙率低，且孔隙不均匀。

解决上述问题的方法有：

（1）VCM含量太高，正常情况下首先怀疑是否进出塔换热用的螺旋板发生泄漏，使进出塔的浆料混在一起，并立即检修。如果螺旋板不漏，再查工艺原因，如进塔浆料温度太低，所含VCM过高，应提高浆料的温度。

（2）干燥温度高，甚至树脂有返潮现象，主要表现为树脂在干燥器内停留时间太短，解决的办法是查出确切原因加以改进。

（3）树脂孔隙率低，且孔隙不均匀，则可采取修改聚合配方、增加品质剂的用量或调整主分散剂的品种、提高界面活性的办法来解决。

4.11 气流管底部弯头易集存物料

气流管底部弯头易于集存物料，这部分物料第一时间被热风分解炭化产生黑黄点，甚至发生火灾，所以防止气流管底部弯头集存物料则是生产管理中不可忽视的问题。

产生集料的原因大体有两个方面：一是螺旋输送器的下料口在气流管中缩小段气速不够，一般这个缩小段的气速不应小于17～27m/s，太小了，螺旋输送器经料封段挤压出的湿滤饼，则容易落到弯头中；二是离心机的下料端的热蒸汽在下料斗壁结露，又一层一层地黏结树脂，当达到一定厚度时，料斗的振动将这些块状的、含水量非常大的滤饼弄下来，这部分物料极易落入弯头，而吹不起来，形成黑黄点。

有效的解决办法是在离心机下料斗上装排风装置，并且计算气流管加料的缩小段的管径与风速。

4.12　树脂的静电问题

由于树脂干燥过程中，颗粒之间的相互摩擦，过干时极易产生静电，粒子互相吸附，造成过筛困难，筛余物带好料太多。

以上问题的解决办法有两个：①控制干燥的水分尽可能不要过干，维持在 0.1%～0.2% 为宜；②在聚合配方中加入抗静电的带羟基较多的分散剂，或采取特殊的 pH 调节。

5

安全技术

从事悬浮法生产聚氯乙烯的工作人员必须了解生产过程中的安全技术知识。在工作中操作人员需自觉地贯彻安全技术规程，否则就会给自身健康和安全带来危害，给国家财产和社会主义建设事业带来损失。

在悬浮法聚氯乙烯生产中有下列特点：

① 使用的单体氯乙烯为易燃易爆物。

② 氯乙烯及其聚合辅料可以使人中毒。

③ 碱液可烧伤人体。

此外，与其他化学工业一样，在聚合车间中还有：高压操作和高空作业、电器设备、运转设备等，所以防止触电和机械伤害也很重要。

5.1　防火和防爆

防火防爆是互相关联的，在聚合车间着火和爆炸在很多情况下是同时发生的，所以防爆的大部分措施也适用于防火。

5.1.1　爆炸的分类和原因

由于氯乙烯是易燃易爆物，且聚合过程又在加压条件下操作，因此防爆就具有特别重要的意义。

如果反应激烈或受压容器、设备、管道机械强度降低，使压力超过了设备所能承受的限度，而使之造成爆炸，称为物理爆炸。

由一种或数种物质在瞬间经过化学变化转为另外一种或几种物质，并在极短的时间内产生大量的热和气体产物，伴随着产生破坏力极大的冲击波，称之为化学爆炸。

产生化学爆炸的原因有很多，在聚合车间中，主要原因则是爆炸性混合物，即氯乙烯和空气或氧混合达到一定的爆炸范围且激发能源存在。爆炸范围是指与空气组成的易燃易爆混合物的浓度范围。其最高浓度称为爆炸上限，最低浓度称为爆炸下限。在此范围内遇有明火或火花，或温度升高达着火点即发生爆炸，在此范围以外，气体不会爆炸。

氯乙烯的爆炸范围上限为：21.7%。

氯乙烯的爆炸范围下限为：4.0%。

爆炸浓度的上下限与空气混合的温度和压力有关，压力升高使爆炸浓度上下限扩大。另外物理性爆炸和化学性爆炸常常相伴发生，同时着火可能是化学爆炸的直接原因，而爆炸也可能引起着火。

爆炸形成的原因大致分如下几项。

① 操作原因。由于操作控制不严格，造成反应激烈使设备超压。

② 设备缺陷。设备制造上带来的隐患，如裂纹、砂眼，安全装置不全、不灵（仪表、安全阀等）、使用时间长、受化学腐蚀等，使设备受压力降低，而又未及时检测和发现。

③ 设备管道的泄漏使易爆气体逸出和外部的空气混合形成爆炸性气体混合物。此时如遇明火或火花则是发生爆炸的导火线。

5.1.2 火灾原因及防止

由于明火和火花极易成为爆炸的导火线，火灾的防止就有了特殊的意义，其原因和防止措施列举如下：

（1）现场动火　现场的焊接和动火极易引起火灾和爆炸，如氯乙烯及易燃中间品和原辅材料。所以要有严格的动火制度。应尽力避免现场动火，如必须在现场动火时，应远离设备 30m 以外并经各有关安全技术部门批准，而且动火地点必须分析可燃气含量是否合格，经点火试燃后方能进行。动火时要有专人监督，注意风向以保证安全。

（2）电器设备不良产生火源　应定期检查电器设备，凡有易燃易爆物的地方（如聚合厂房），其电器设备应采用防爆型。

（3）摩擦与撞击　设备撞击摩擦极易产生火花，所以进入车间不允许穿钉子鞋，不允许用铁锤敲打设备或管道，应使用铜（70%以下）制品。

（4）静电　当介电液体、固体、气体在管道内很快流动或从管道中排出时，都能促使静电荷产生。流速越快，产生静电荷越多，所以一般要求液体在管道内的流速不超过 4～5m/s，气体流速不超过 8～15m/s。同时设备及管道应有接地设施，使产生的静电荷很快导入地下。转动设备应尽量减少皮带传动，不得已采用时应适当使用皮带油，以减少摩擦静电。

5.1.3 爆炸事故的防止

（1）防止火源的产生　见 5.1.2 节，火灾原因及防止。

（2）密闭设备　加强管理，杜绝设备的跑冒滴漏，注意各设备管道不得超过其允许压力，氯乙烯压缩机入口压力不允许产生负压，以防止空气的漏入而形成爆炸混合物。聚氯乙烯浆料汽提装置如果产生了负压操作，必须保证系统无漏，保证排气回收氯乙烯含氧合格，防止爆炸事故发生。

（3）分析、置换和通风　对易燃、易爆、有毒气体的控制都有赖于气体分析，它是化工生产中保证安全的重要手段。生产系统检修时，必须将设备管道中可能残存的可燃性气体（氯乙烯）用氮气或蒸汽排除置换干净，分析合格后方可进行检修。

良好的通风可以保证厂房内易燃易爆气体的吹净，减少或消灭爆炸的因素。

（4）设备应有的安全装置

① 压力计：凡超过一个大气压以上的设备均应设置压力计，以便检查。

② 安全阀：当设备超过预定压力时，安全阀自行打开，将压力排放，保证设备安全。安全阀应定期校正，并应保持无堵塞现象以保证灵活好用。

③ 防爆膜：一般设在没有安全阀又须防爆炸的地方。

④ 报警装置：当带压设备超过一定压力值时，报警装置发出警告，以便操作人员及时采取措施。

5.2 毒物与防止中毒

化工毒物所引起的中毒，可分急性中毒和慢性中毒。大量毒物进入人体并迅速引起全身症状甚至死亡，称为急性中毒。如果分批少量的毒物侵入人体逐渐积累引起中毒者，称为慢性中毒。

发生中毒的因素很多，如毒物的物理化学性质。同时与侵入人体的数量，作用时间和部位，中毒者的生理状况年龄、性别、体质均有很大关系。与温度等其他因素也有关。对聚氯乙烯车间而言，主要的有毒物质有氯乙烯、引发剂及助剂等。

5.2.1 几种物料的毒性

（1）氯乙烯 无色具有类似乙醚气味的芳香气体，有麻醉性。吸入 0.1％以上的氯乙烯时慢慢表现出麻醉现象，开始时表现为困倦、注意力不集中，随后出现视力模糊、走路不稳、手脚麻木现象，甚至会失去知觉。吸入量在 0.5％以上即可造成头晕、头痛、心神错乱、不辨方向。在氯乙烯浓度达到 20％～40％即可使人急性中毒而失去知觉、呼吸渐缓以致死亡。

氯乙烯对人的肝脾有慢性中毒作用，国家卫生级 PVC 树脂中，氯乙烯含量要小于 5mg/L。

(2) 氯甲酸甲酯　其气体对呼吸有强烈刺激，会使患者咳嗽、打喷嚏，呼吸困难。暴露 48h 后液体会积聚在患者的肺部（肺水肿），后证实可致命。

对皮肤具有严重的极端的刺激性，长期接触会严重烧伤皮肤。

其蒸气会严重刺激眼睛，会使眼睛流泪。不会造成永久性伤害。液体与眼睛接触会造成烧伤，如果未立即洗眼，会造成腐蚀性损害。

(3) 过氧化氢　入口会烧伤口和喉，在胃中会分解，快速释放出氧气，扩张食道或胃，造成严重损坏。

吸入过氧化氢蒸气或雾气会使鼻子和喉受到极大的刺激、烧痛，有造成肺水肿的可能。

对皮肤有腐蚀性，溶液具有刺激性，使皮肤先是变白然后变红，甚至爆皮。

短时间暴露的雾气或扩散的喷雾会刺痛眼睛，使眼睛流泪。高浓度过氧化氢溅出会造成严重伤害，致使角膜溃烂，有使患者失明的可能。其 1％的水溶液对眼睛没有刺激性。

(4) 丙酮缩氨基硫脲（ATSC）　ATSC 是剧毒化学品。如果吸入、食入或通过眼睛、皮肤为人体所吸收，对人体危害非常大，甚至有致死危险。如果有人吸入了 ATSC，应使患者立即离开现场。如患者发生窒息，要立即做人工呼吸，如呼吸困难应给予输氧。如果有人食入 ATSC，可让患者喝水、牛奶或肥皂水稀释，引起呕吐。如果患者已失去知觉或发生痉挛，则不要使患者呕吐。如果皮肤或眼睛接触 ATSC，要用水至少冲洗 15min。工作服在重新穿用前必须洗干净。

5.2.2　中毒的防止

（1）密闭设备　检修后必须对设备管道进行气密性检查。正确选择密封形式和填料质量。

（2）排气通风　采用混合通风即自然门窗通风和鼓风机通风结合使用，降低厂房内有毒气体的含量。

（3）齐全的劳保用具　有毒物品称量时应戴口罩或防毒面具。进入有毒气体贮槽容器或聚合釜作业时，事前应排空置换合格，令专人监视，并设安全梯、安全带。

5.3　烧伤与机械伤害的防止

5.3.1　烧伤及防止

烧伤分化学烧伤和热烧伤。化学烧伤是由酸碱等物落到皮肤上引起的。热烧伤是由人体碰到蒸汽或热水和高温设备未保温部分引起的。但当碰到极易汽化物如液态氯乙烯会产生冻伤。

为了防止烧伤，一切高温设备和管道应进行保温。接触腐蚀性物质的操作人员要穿戴好防护眼镜、手套、帽子、胶皮衣靴。

对产生的热烧伤，可先涂上清凉油脂，然后到医务部门诊治。如遇化学烧伤，可用大量清水冲洗后到医务部门诊治。

5.3.2 机械伤害及防止

企业中很大部分事故是机械性伤害，在日常工作中应采取如下措施：

① 经常检查各种传动机械、液面计等是否有安全防护装置和防护栏杆。

② 操作人员必须穿规定的工作服，禁止穿宽大的衣服，女同志留辫子极易造成事故，应将辫子盘起戴好工作帽。

③ 经常注意各机械设备的运转情况及各转动部位的摩擦情况，以免机械损坏时飞出伤人。运转中的设备严禁检修。

④ 各带压容器设备，一律要将压力排空后检修。检修时应戴安全帽。

⑤ 未用的设备孔、吊装孔应加盖。设备和土建预留孔隙过大应加盖板或栏杆。

6

环境保护措施

当人体长时间与高浓度氯乙烯接触时将致癌，特别是一种罕见的肝癌，叫做 augiosarcoma；还有的患有一种特殊的骨癌，叫做 acro-osteolysis。有人把这些癌症及由氯乙烯引起的病症统称为氯乙烯病。所以氯乙烯公害及防治技术已成为氯乙烯单体生产、氯乙烯聚合和聚氯乙烯树脂加工生产中亟待解决的重要问题。

我国对消除工业"三废"污染、保护环境和改善环境极为重视，制定了工业"三废"排放标准、国家工业企业设计卫生标准。

对悬浮法聚氯乙烯聚合而言，造成的环境污染主要有：氯乙烯单体、噪声、粉尘等。目前已采取各项措施减少其污染。

6.1 减少氯乙烯对环境的污染

6.1.1 国外有关氯乙烯毒害的报道

1974 年，一些国家发现有氯乙烯致癌的情况，其中美国聚氯乙烯产量大，老厂较多，污染最严重，致癌的病人也最多，已查明近 30 名，工龄都在 15～20 年。据报道，苏联聚氯乙烯厂污染相当严重，操作环境中经常保持 20～315mg/L 的氯乙烯单体，确认有两名工人患肝癌。

在美国，除肝癌外，工龄较长的工人还发现有指头弯曲并带青色，皮肤有斑点，肝和肾肥大，呼吸系统、脑淋巴、肺出现异常现象，有的接触氯乙烯一年多就有肝大的毛病。

关于氯乙烯致癌机制研究已取得一定进展。有人认为氯乙烯的毒害与其结构有关，它在人体内积累和聚合。还有人认为，氯乙烯对生物有麻醉作用，加速产生肝毒，从而致癌。

6.1.2 氯乙烯产生的污染

氯乙烯产生的污染包括在氯乙烯生产、聚合和塑料加工中逸散的氯乙烯和聚氯乙烯制品中残存的氯乙烯。氯乙烯污染厂房及环境的途径大致有以下几个方面：

（1）间歇操作 由于悬浮法聚氯乙烯的生产目前仍是间歇操作，所以聚合出料后釜内仍残存未反应的氯乙烯单体。

（2）聚合釜的粘壁 聚合反应进行数次以后要进行清釜，釜内残存氯乙烯排放到厂房内。

（3）设备轴密封漏气 阀门填料等跑冒及树脂在后处理、离心、干燥时物料内部夹带的氯乙烯排放到厂房内或大气中。

（4）不密闭操作 使得聚合釜入料、离心、干燥等处有氯乙烯单体跑出。

6.1.3 防止氯乙烯污染的技术措施

目前防止氯乙烯污染的技术对策主要是加强设备的密闭性、强化通风、改进清釜操作、加强提取汽提树脂中残留的氯乙烯、回收废气中的氯乙烯单体等，目前已采取了如下治理措施：

聚合密封入料工艺，如图 6-1 所示。

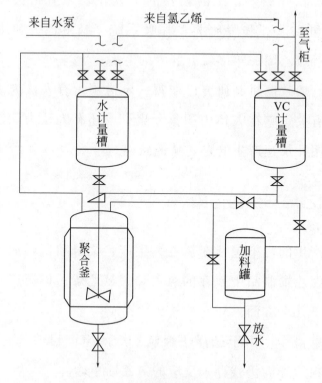

图 6-1　聚合密封入料流程示意图

这一工艺有较显著的效果：①减少了入料的辅助时间；②减轻了工人的劳动强度；③提高了釜内 VCM 气体的纯度（减少空气的混入）；④大大减少氯乙烯气体排放量，使残存未反应的氯乙烯在此系统内循环。

回收槽和出料槽改为密闭操作。底伸式搅拌新技术的实现为减少因轴封漏气而造成的环境污染创造了条件。

采用减轻粘釜壁涂料新技术减少树脂的粘釜，从而减少清釜次数。

加强设备管理，减少泄漏率，并进行定期评定和检查。

目前我国已将氯乙烯在空气中的允许浓度标准定为 $10mg/m^3$（GB 14544-2008），应努力使氯乙烯在空气中的浓度不断降低，进一步减少氯乙烯对环境的污染。

6.2 噪声危害及防止

噪声以前一直易被人忽视，随着近代工业的发展，机械设备的不断增多，噪声也就逐渐增大从而成为世界上的一大公害。

噪声是人类所不需要的令人烦躁的声音。它是各种声响和频率的杂乱无章的混合。

6.2.1 噪声的强度

声响强度计量单位是分贝，分贝是对数数量级，每增加 10dB，相当于声响增一倍，各种声响强度可参照表 6-1。

表 6-1 各种声响强度参照表

6.2.2 噪声的危害和防止

噪声的危害主要有：

① 耳聋：噪声可造成耳聋，分为轻度、中度、重度的噪声性耳聋。

② 引起多种疾病：噪声刺激大脑皮层，引起精神紧张、心血管收缩、睡眠不好、出现神经衰弱或神经官能症、血压高，影响胃分泌，使人感到疲劳。

③ 影响正常生活：如声响大于 50dB 也可影响人的睡眠。

④ 容易引起工作差错，降低劳动生产效率。在声响大于 120dB 进还可对建筑物造成破坏。

综上所述，一般均把噪声控制在 90dB 以下，我国正在制定噪声的允许标准，我们也正采取措施对噪声进行控制。

对聚氯乙烯而言，主要噪声的来源是风机，目前已采用隔离，即将风机装在隔声间内的办法，在风机排风口装消声器的办法已收到显著效果。相信将会有更多更好的办法应用于生产，消除噪声。

6.3　粉尘的危害和防止

生产性粉尘，是污染厂房和大气的重要因素之一，它不但影响人们的健康，而且还因生产中的原料、半成品、成品粉尘的大量飞扬造成经济上的损失；粉尘进入转动设备促使其损坏；精密仪器、仪表、设备等受粉尘的影响而使性能变差。因此防止粉尘不仅具有卫生方面的意义，而且经济上也有重大意义。

聚合厂房内的粉尘主要是聚氯乙烯树脂，它主要是由离心、干燥、包装、输送、过筛过程跑冒及旋风分离器效果不佳而造成的。

生产粉尘，根据其不同的物理化学特性和作用部位的不同，可在体内引起不同的病理过程。如全身作用、局部作用、光感作用、感染作用等和其他特异作用。应注意以下几点。

在易于产生粉尘岗位时要戴防护用品如口罩。

工作过后应坚持洗浴。

在易于造成粉尘飞扬的部位，应装有除尘抽风系统，如料口、筛子、放料口、包装机等。

附录

悬浮法通用型聚氯乙烯树脂产品规格（GB/T 5761—2006）

项目 ＼ 牌号	SG2	SG3	SG4	SG5	SG6	SG7	SG8
黏数(mL/g) （或 K 值） （或平均聚合度）	143～136 (74～73) (1450～135)	135～127 (72～71) (1350～1250)	126～119 (70～69) (1250～1150)	118～107 (68～66) (1100～1000)	106～96 (65～63) (950～850)	95～87 (62～60) (850～750)	86～73 (59～55) (750～650)
杂质粒子数/个 ≤	30	30	30	30	30	40	40
挥发物（包括水）含量/% ≤	0.40	0.40	0.40	0.40	0.40	0.40	0.40
筛余物/% 0.25mm筛孔 ≤	2.0	2.0	2.0	2.0	2.0	2.0	2.0
筛余物/% 0.063mm筛孔 ≥	90	90	90	90	90	90	90
表观密度/(g/mL) ≥	0.45	0.42	0.42	0.42	0.45	0.45	0.45
残留 VCM/(mg/kg) ≤	10	10	10	10	10	10	10
"鱼眼"数（每400cm²）/(个) ≤	40	40	40	40	40	50	50
100 克树脂的增塑剂吸收量/g ≥	25	25	22	19	16	14	14
水萃取液电导率/(S/m) ≤	5×10^{-3}	5×10^{-3}	—	—	—	—	—

注：黏数、K 值和平均聚合度指标可任选其一。

参考文献

[1] 魏家福，李伟刚.影响 PVC 产品生产的因素和解决措施[J].中国氯碱，2013(4)：14-15.

[2] 张铁男，厉喜军.影响聚氯乙烯树脂质量的因素及分析[J].聚氯乙烯，2003(2)：18-20.

[3] 李川.金融危机以来氯醋共聚树脂的市场动态[C].第 32 届全国聚氯乙烯行业技术年会论文专辑，2010：95-96.

[4] 刘光烨，赵尧森，赵金义，等.高分子量聚氯乙烯树脂的结构与性能研究[J].塑料，1995(4)：7-13.

[5] 徐兆瑜.聚氯乙烯生产及其工艺技术新进展[J].江苏氯碱，2007(3)：6-12.

[6] 吴天祥，李红梅.电石法氯乙烯的原料气深度脱水的研究[J].聚氯乙烯，2008，36(2)：10-12.

[7] 上海氯碱化工股份有限公司.高抗冲建材制品专用聚氯乙烯树脂的生产方法 100354328C[P]，2006-12-12.

[8] 李志松，王少青.聚氯乙烯生产技术[M].北京：化学工业出版社，2012.

[9] 陈创前，李侃社，牛红梅，等.聚氯乙烯无毒复合热稳定剂的筛选复配研究[J].塑料工业，2014，42(3)：115-117.

[10] 唐伟，高尔金，瞿英俊，等.硬质聚氯乙烯管材专用热稳定剂应用性能研究[J].聚氯乙烯，2013，41(4)：26-28.

[11] 王建军，胡中文，雷金林.PVC 热稳定剂及国内外发展现状[J].塑料助剂，2005(5)：5-12.

[12] 刘岭梅，侯学军.PVC 热稳定剂现状及发展态势[J].聚氯乙烯，2004(3)：6-9.

[13] 李杰，郑德.塑料助剂与配方设计技术[M].北京：化学工业出版社，2005：92-121.

[14] 潘祖仁，邱文豹，王贵恒，等.塑料工业手册[M].北京：化学工业出版社，1999.

[15] 邝涓林，黄态明.聚氯乙烯工业技术[M].北京：化学工业出版社，2007.

[16] 薛之化.近年来全球 PVC 相关技术的发展[C].第 38 届全国聚氯乙烯行业技术年会，2016.